全国地层多重划分对比研究

（71）

台湾省岩石地层

主　编：黄　辉　叶寿生
编　者：陈月仙　黄宗福　吴克隆　张书煌
技术指导：高天钧　王振民

中国地质大学出版社

内 容 提 要

本书是以何春荪教授主编的《台湾地质概论 台湾地质图说明书》为基础，同时利用和参考了福建省地质矿产局编写的《台湾省区域地质志》及尽可能搜集到的台湾省地层方面的论著等有关成果资料，以岩石地层单位为基础而编写的。该书较全面系统地总结了台湾省地层方面的主要成果，概括地反映了台湾省地层全貌与特色，并对一些地层问题进行了不同程度的探讨。全书分绪论、前第三纪、第三纪、第四纪、台湾东部地层区及结论等6章，附录2篇、附图2幅。本书可供广大地质工作者、地质科研、教学单位及有关部门参考利用。

图书在版编目(CIP)数据

台湾省岩石地层/黄辉，叶寿生主编．—武汉：中国地质大学出版社，1996.6(2008.7重印)
(全国地层多重划分对比研究；71)
ISBN 978-7-5625-1105-2

Ⅰ．台…
Ⅱ．①黄…②叶…
Ⅲ．地层学—台湾省
Ⅳ．P535.258

中国版本图书馆CIP数据核字(2008)第062480号

台湾省岩石地层 **黄辉 叶寿生 主 编**

责任编辑：褚松和 责任校对：刘士东

出版发行：中国地质大学出版社(武汉市洪山区鲁磨路388号) 邮编：430074
电话：(027)67883511 传真：67883580 **E-mail**：cbb @ cug.edu.cn
经 销：全国新华书店 **http**://www.cugp.cn

开本：787毫米×1092毫米 1/16 字数：140千字 印张：5.5
版次：1996年6月第1版 印次：2008年7月第2次印刷
印刷：武汉教文印刷厂 印数：201—700册

ISBN 978-7-5625-1105-2 定价：17.00元

序

100多年来，地层学始终是地质学的重要基础学科的支柱，甚至还可以说是基础中的基础，它为近代地质学的建立和发展发挥了十分重要的作用。随着板块构造学说的提出和发展，地质科学正经历着一场深刻的变革，古老的地层学和其他分支学科一样还面临着满足社会不断进步与发展的物质需要和解决人类的重大环境问题等双重任务的挑战。为了迎接这一挑战，依靠现代科技进步及各学科之间相互渗透，地层学的研究范围将不断扩大，研究途径更为宽广，研究方法日趋多样化，并萌发出许多新的思路和学术思想，产生出许多分支学科，如生态地层学、磁性地层学、地震地层学、化学地层学、定量地层学、事件地层学、化学地层学、气候地层学、构造地层学和月球地层学等等，它们的综合又导致了“综合地层学”和“全球地层学”概念的提出。所有这一切，标志着地层学研究向高度综合化方向发展。

我国的地层学和与其密切相关的古生物学早在本世纪前期的创立阶段，就涌现出一批杰出的地层古生物学家和先驱，他们的研究成果奠定了我国地层学的基础。但是大规模的进展，还是从1949年以后，尤其是随着全国中小比例尺区域地质调查的有计划开展，以及若干重大科学计划的执行而发展起来的。正像我国著名的地质学家尹赞勋先生在第一届全国地层会议上所讲：“区域地质调查成果的最大受益者就是地层古生物学。”1959年召开的中国第一届全国地层会议，总结了建国十年来所获的新资料，制定了中国第一份地层规范（草案），标志着我国地层学和地层工作进入了一个新的阶段。过了20年，地层学在国内的发展经历了几乎十年停滞以后，于1979年召开了中国第二届全国地层会议，会议在某种程度上吸收学习了国际地层学研究的新成果，还讨论制定了《中国地层指南及中国地层指南说明书》，为推动地层学在中国的发展，缩小同国际地层学研究水平的差距奠定了良好基础。这次会议以后所进行的一系列工作，包括应用地层单位的多重性概念所进行的地层划分对比研究、区域地层格架及地层模型的研究，现代地层学与沉积学相结合所进行的盆地分析以及1∶5万区域地质填图方法的改进与完善等，都成为我国地层学进一步发展的强大推动力。为此，地质矿产部组织了一项“全国地层多重划分对比研究（清理）”的系统工程，在30个省、直辖市、自治区（含台湾省，不含上海市）范围内，自下而上由省（市、区）、大区和全国设立三个层次的课题，在现代地层学和沉积学理论指导下，对以往所建立的地层单位进行研究（清理），追溯地层单位创名的沿革，重新厘定单位含义、层型类型与特征、区域延伸与对比，消除同物异名，查清同名异物，在大范围内建立若干断代岩石地层单位的时空格架、编制符合现代地层学含义的新一代区域地层序列表，并与地层多重划分对比研究工作同步开展了省（市、区）和全国两级地层数据库的研建，对巩固地层多重划分对比研究（清理）成果，为地层学的科学化、系统化和现代化发展打下了良好基础。这项研究工作在部、省（市、区）各级领导的支持关怀下，全体研究人员经过5年的艰苦努力已圆满地完成了任务，高兴地看到许多成果已陆续要出版了。这项工作涉及的范围之广、参加的单位及人员之多、文件的时间跨度之长，以及现代科学理论与计算机技术的应用等各方面，都可以说是在我国地层学工作不断发展中具有里程碑意义的。这项研究中不同层次成果的出版问世，不仅对区域地质调查、地质图件的编测、区域矿产普查与勘查、地质科研和教学等方面都具有现实的指导作用和实用价值，而且对我国地层学的发展和科学化、系统化将起到积极的促进作用。

首次组织实施这样一项规模空前的全国性的研究工作，尽管全体参与人员付出了极大的辛勤劳动，全国项目办和各大区办进行了大量卓有成效和细致的组织协调工作，取得了巨大的成绩，但由于种种原因，难免会有疏漏甚至失误之处。即使这样，该系列研究是认识地层学真理长河中的一个相对真理的阶段，其成果仍不失其宝贵的科学意义和巨大的实用价值。我相信经过广大地质工作者的使用与检验，在修订再版时，其内容将会更加完美。在此祝贺这一系列地层研究成果的公开出版，它必将发挥出巨大社会经济效益，为地质科学的发展做出新的贡献。

程裕淇

前 言

地层学在地质科学中是一门奠基性的基础学科，是基础地质的基础。自从19世纪初由W. 史密斯奠定的基本原理和方法以来的一个半世纪中，地层学是地质科学中最活跃的一个分支学科，对现代地质学的建立和发展产生了深刻的影响，作出了不可磨灭的贡献，特别是在20世纪60年代由于板块构造学说兴起引发的一场"地学革命"，其表现更为显著。随着板块构造学的确立，沉积学和古生态学的发展，地球历史和生物演化中的灾变论思想的复兴和地质事件概念的建立，使地层学的分支学科，如时间地层学、生态地层学、地震地层学、同位素地层学、气候地层学、磁性地层学、定量地层学和构造地层学等像雨后春笋般地蓬勃发展，这种情况必然对地层学、生物地层和沉积地层等的传统理论认识和方法提出了严峻的挑战。经过20年的论战，充分体现当代国际地质科学先进思想的《国际地层指南》（英文版）于1976年见诸于世，之后在不到20年的时间里又于1979、1987、1993年连续三次进行了修改补充，陆续补充了《磁性地层极性单位》、《不整合界限地层单位》，以及把岩浆岩与变质岩等作为广义地层学范畴纳入地层指南而又补充编写了《火成岩和变质岩岩体的地层划分与命名》等内容。

国际地层学上述重大变革，对我国地学界产生了强烈冲击，十年动乱形成的政治禁锢被打开，迎来了科学的春天，先进的科学思潮像潮水般涌来，于是在1980年第二届全国地层工作会议上通过并公开出版了《中国地层指南及中国地层指南说明书》，阐述了地层多重划分概念。于1983年按地层多重划分概念和岩石地层单位填图在安徽区调队进行了首次试点。1985年《贵州省区域地质志》中地层部分吸取了地层多重划分概念进行撰写。1986年地质矿产部设立了"七五"重点科技攻关项目——"1∶5万区调中填图方法研究项目"，把以岩石地层单位填图，多重地层划分对比，识别基本地层层序等现代地层学和现代沉积学相结合的内容列为沉积岩区区调填图方法研究课题，从此拉开了新一轮1∶5万区调填图的序幕，由试点的贵州、安徽和陕西三省逐步推向全国。

1∶5万区调填图方法研究试点中遇到的最大问题是如何按照现代地层学的理论和方法来对待与处理按传统理论和方法所建立的地层单位？如果维持长期沿用的按传统理论建立的地层单位，虽然很省事，但是又如何体现现代地层学和现代沉积学相结合的理论与方法呢？这样就谈不上紧跟世界潮流，迎接这一场由板块构造学说兴起所带来的"地学革命"。如果要坚持这一技术领域的革命性变革，就要下决心花费很大力气克服人力、财力和技术性等方面的重重困难，对长期沿用的不规范化的地层单位进行彻底的清理。经过反复研究比较，我们认识到科学技术的变革也和社会经济改革的潮流一样是不可逆转的，只有坚持改革才能前进，不进则退，否则就将被历史所淘汰，别无选择。在这一关键时刻，地质矿产部和原地矿部直管局领导作出了正确决策，从1991年开始，从地勘经费中设立一项重大基础地质研究项目——全国地层多重划分对比研究项目，简称全国地层清理项目，开始了一场地层学改革的系统工程，在全国范围内由下而上地按照现代地层学的理论和方法对原有的地层单位重新明确其定义、划分对比标准、延伸范围及各类地层单位的相互关系，与此同时研建全国地层数据库，巩固地层清理成果，推动我国地层学研究和地层单位管理的规范化和现代化，指导当前和今后一个时期1：5万、1：25万等区调填图等，提高我国地层学研究水平。1991年地质矿产部原直管局将地层清理作为部指令性任务以地直发（1991）005号文和1992年以地直发（1992）014号文下发了《地矿部全国地层多重划分对比（清理）研究项目第一次工作会议纪要》，明确了各省（市、自治区）地质矿产局（厅）清理研究任务，并于1993年2月补办了专项地勘科技项目合同（编号直科专92-1），并明确这一任务分别设立部、大区和省（市、自治区）三级领导小组，实行三级管理。

部级成立全国项目领导小组

组长	李廷栋	地质矿产部副总工程师
副组长	叶天竺	地质矿产部原直管局副局长
	赵　逊	中国地质科学院副院长

成立全国地层清理项目办公室，受领导小组委托对全国地层清理工作进行技术业务指导和协调以及经常性业务组织管理工作，并设立在中国地质科学院区域地质调查处（简称区调处）。

项目办公室主任	陈克强	区调处处长，教授级高级工程师
副主任	高振家	区调处总工，教授级高级工程师
	简人初	区调处高级工程师
专家	张守信	中国科学院地质研究所研究员
	魏家庸	贵州省地质矿产局区调院教授级高级工程师
成员	姜　义	区调处工程师
	李　忠	会计师
	周统顺	中国地质科学院地质研究所研究员

大区一级成立大区领导小组，由大区内各省（市、自治区）局级领导成员和地科院沈阳、天津、西安、宜昌、成都、南京六个地质矿产研究所各推荐一名专家组成。领导小组对本大区地层清理工作进行组织、指导、协调、仲裁并承担研究的职责。下设大区办公室，负责大区地层清理的技术业务指导和经常性业务技术管理工作。在全国项目办直接领导下，成立全国地层数据库研建小组，由福建区调队和部区调处承担，负责全国和省（市、自治区）二级地层数据库软件开发研制。

各省（市、自治区）成立省级领导小组，以省（市、自治区）局总工或副总工为组长，有区调主管及有关处室负责人组成，在专业区调队（所、院）等单位成立地层清理小组，具体负责地层清理工作，同时成立省级地层数据库录入小组，按照全国地层数据库研建小组研制的软件及时将本省清理的成果进行数据录入，并检验软件运行情况，及时反馈意见，不断改善和优化软件。在全国地层清理的三个级次的项目中，省级项目是基础，因此要求各省（市、自治区）地层清理工作必须实行室内清理与野外核查相结合，清理工作与区调填图相结合，清理与研究相结合，地层清理与地层数据库建立相结合，"生产"单位与科研教学单位相结合，并强调清理人员要用现代地层学和现代沉积学的理论武装起来，彻底与传统观点决裂，统一标准内容，严格要求，高标准地完成这一历史使命。实践的结果，凡是按上述五个相结合去做的效果都比较好，不仅出了好成果，而且通过地层清理培养锻炼了一支科学技术队伍，从总体上把我国区调水平提高到一个新台阶。

三年多以来，参加全国地层清理工作的人员总数达400多人，总计查阅文献约24 000份，野外核查剖面约16 472.6 km，新测剖面70余条约300 km，清理原有地层单位有12 880个，通过清查保留的地层单位约4721个（还有省与省之间重复的），占总数36.6%，建议停止使用或废弃的单位有8159个（为同物异名或非岩石地层单位等），占总数63.4%，清查中通过实测剖面新建地层单位134个，占总数2.8%。与此同时研制了地层单位的查询、检索、命名和研究对比功能的数据库，通过各省（市、自治区）数据录入小组将12 880个地层单位（每个单位5张数据卡片）和10 000多条各类层型剖面全部录入，首次建立起全国30个（不含上海市）省（市、自治区）基础地层数据库，为全国地层数据库全面建成奠定了坚实的基础。从1994年7月—11月，分七个片对30个省（市、自治区）地层清理成果报告及数据库的数据录入进行了评审验收，到1994年底可以说基本上完成了省一级地层清理任务。1995—1996年将全面完成大区和总项目的清理研究任务。由此可见，这次全国地层清理工作无论是参加人数之多，涉及面之广，新方法新技术的应用以及理论指导的高度和研究的深度都可以堪称中国地层学研究的第三个里程碑。这一系统工程所完成的成果，不仅是这次直接参加清理的400多人的成果，而且亦应该归功于全国地层工作者、区域地质调查者、地层学科研与教学人员以及为地层工作做过贡献的普查勘探人员。全国地层清理成果的公开出版，必将对提高我国地层学研究水平，统一岩石地层划分和命名指导区调填图，加强地层单位的管理以及地质勘察和科研教学等方面发挥重要的作用。

鉴于本次地层清理工作和地层数据库的研建是过去从未进行过的一项研究性很强的系统工程，涉及的范围很广，时间跨度长达100多年，参加该项工作的人员多达300～400人，由于时间短，经费有限，人员水平不一，文献资料掌握程度等种种主客观原因，尽管所有人员都尽了最大努力，但是在本书中少数地层单位的名称、出处、命名人和命名时间等不可避免地存在一些问题。本书中地层单位名称出现的"岩群"、"岩组"等名词，是根据1990年公开出版的程裕淇主编的《中国地质图（1：500万）及说明书》所阐述的定义。为了考虑不同观点的读者使用，本书对有"岩群"、"岩组"的地层单位，均暂以（岩）群、（岩）组处理。如鞍山（岩）群、迁西（岩）群。总之，本书中存在的错漏及不足之处，衷心地欢迎广大读者提出宝贵意见，以便今后不断改正和补充。

在30个省（市、自治区）地层清理系统成果即将公开出版之际，我代表全国地层清理项目办公室向参加30个省（市、自治区）地层清理、数据库研建和数据录入的同志所付出的辛勤劳动表示衷心的感谢和亲切的慰问。在全国地层清理项目立项过程中，原直管局王新华、黄崇轲副局长给予了大力支持，原直管局局长兼财务司司长现地矿部副部长陈洲其在项目论证会上作了立项论证报告，在人、财、物方面给予过很大支持；全国地层委员会副主任程裕淇院士一直对地层清理工作给予极大的关心和支持，并在立项论证会上作了重要讲话；中国地质大学教授、全国地层委员会地层分类命名小组组长王鸿祯院士是本项目的顾问，在地层清理的指导思想、方法步骤及许多重大技术问题上给予了具体的指导和帮助；中国地质大学教授杨遵仪院士对这项工作热情关心并给以指导；中国地质科学院院长、部总工程师陈毓川研究员参加了第三次全国地层清理工作会议并作了重要指示与鼓励性讲话；部科技司姜作勤高工，计算中心邬宽廉、陈传霖，信息院赵精满，地科院刘心铸等专家对地层数据库设计进行评审，为研建地层数据库提出许多有意义的建议。中国科学院地质研究所，南京古生物研究所，中国地质科学院地质研究所，天津、沈阳、南京、宜昌、成都和西安地质矿产研究所，南京大学，西北大学，中国地质大学，长春地质学院，西安地质学院等单位的知名专家、教授和学者，各省（市、自治区）地矿局领导、总工程师、区调主管、质量检查员和区调队、地研所、综合大队等单位的区域地质学家共600余人次参加了各省（市、自治区）地层清理研究成果和六个大区区域地层成果报告的评审和鉴定验收，给予了友善的帮助；各省（市、自治区）地矿局（厅）、区调队（所、院）等各级领导给予地层清理工作在人、财、物方面的大力支持。可以肯定，没有以上各有关单位和部门的领导和众多的专家教授对地层清理工作多方面的关心和支持，这项工作是难以完成的。在30个省（市、自治区）地层清理成果评审过程中一直到成果出版之前，中国地质大学出版社，特别是以褚松和副社长和刘粤湘编辑为组长的全国地层多重划分对比研究报告编辑出版组为本套书编辑出版付出了极大的辛苦劳动，使这一套系统成果能够如此快地、规范化地出版了！在全国项目办设在区调处的几年中，除了参加项目办的成员外，区调处的陈兆棉、其和日格、田玉莹、魏书章、刘凤仁多次承担地层清理会议的会务工作，赵洪伟和于庆文同志除了承担会议事务还为会议打印文稿，于庆文同志还协助绘制地层区划图及文稿复印等工作。

在此，向上面提到的单位和所有同志一并表示我们最诚挚的谢意，并希望继续得到他们的关心和支持。

全国地层清理项目办公室（陈克强执笔）

目　　录

第一章 绪论

一、目的与任务

本研究任务是，根据1992年《地质矿产部全国地层多重划分对比研究项目第一次会议纪要》及有关文件的精神，对全国包括台湾在内的30个省、直辖市、自治区的地层单位进行多重划分对比研究。

二、工作概况

经过17个月的清理研究，从532个地层名称中，筛选出建议采用的64个台湾省岩石地层单位，填制了岩石地层单位卡片，整理了层型及主要参考剖面等有关资料，编制了台湾省地层区划图及台湾省岩石地层单位划分对比表。在清理研究中还与台湾大学地质学系陈文山、杨昭男等教授就台湾地层的划分对比等问题进行座谈，征求意见，从而提高了研究程度。1994年8月编写了《台湾省地层多重划分对比研究报告》，按照全国的统一部署按时提交成果，并于1994年9月底经“东南区地层多重划分对比研究项目办公室”主持召开的“东南五省地层清理成果评审会”的专家评审通过，从而完成了台湾省地层多重划分对比研究任务。

主要工作量如下表（表1-1）：

参加地层清理研究工作的有：黄辉、叶寿生、陈月仙、黄宗福、吴克隆等，王丽卿、张书煌承担了地层卡片的录入及地层数据库的建立等工作。

本书的编写由黄辉和叶寿生承担。

表1-1 主要工作量表

项　　目	数　量
收集的地层剖面	40条
填制卡片	64套
建议采用的岩石地层单位	64个

在本书的定稿过程中，承蒙张守信研究员、文斐成高级工程师提出许多宝贵且具体的修

改意见，在此深致谢忱。

三、区域地质概况及地层综合区划

（一）区域地质概况

台湾省位于我国大陆架的东南缘，隔台湾海峡与福建省相望；台湾地处欧亚大陆板块与菲律宾海板块的结合线上，又为琉球弧与吕宋弧的汇合点，是一个构造活动带。复杂的地质背景，制约着台湾省地层的分布及其发育。台湾省的地层以新生代最发育，第三纪地层分布最广，前第三纪地层、白垩纪地层和第四纪地层也有分布；地层呈 NNE 方向狭长带状分布，与主要构造线方向基本一致。

台湾省的地层划分为前第三系、第三系和第四系，其中，以第三系最为发育，厚度最大，而前第三系目前被认为可能是台湾的基底地层。由于台湾处于构造上的活动地带，因而同时代的地层在不同地点的岩性、岩相却有较大的差异。台湾省地层划分对比见表 1-2。

（二）地层综合区划

根据主要地层的岩性、岩相、沉积变质作用和构造环境等特征，全境以一条 NNE 向，长约 150 km、宽约 4 km 的北起花莲，南至台东的“台东纵谷”为界，划分出两个不同特征的地层分区，其西部的台湾地层分区属华南地层大区的东南地层区，东部的台湾东部地层区属菲律宾地层大区，两地层区分别代表欧亚大陆板块和菲律宾海板块的一部分。“台东纵谷”即为两大板块的缝合线，纵谷内现已堆积相当厚的第四系洪、冲积物。

台湾地层分区是台湾省主要地层的出露区域，面积约占全省的 97%，分布一套以浅海沉积为主的沉积岩和少量变质岩，产有煤、石油、天然气等多种矿产，根据本分区地层的岩性、岩相、沉积环境、变质程度的差异，又可分为中央山脉东翼地层小区、中央山脉西翼地层小区、西部山麓地层小区和北港-澎湖地层小区，它们之间多以断裂为界（图 1-1）。

中央山脉东翼地层小区位于中央山脉的东坡，东以“台东纵谷”为界，西与中央山脉西翼地层小区相邻，北起宜兰县苏澳南约 10 km 处的乌岩角，南至台东县太麻里溪北岸，全长约 240 km。北部宽 30 km，到南部仅 10 km 左右。包括宜兰、花莲和台东等县的大部分地区，由前第三系变质杂岩组成，变质杂岩的种类很多，主要有石英云母片岩和千枚岩、绿色片岩、硅质片岩、大理岩，其次还有片麻岩、变质基性岩和超基性岩。其中变质基性岩及超基性岩在变质杂岩系中分布很广，尤其在它的东部。这些基性和超基性岩原是洋壳碎块，被构造混杂于其它变质岩中，经变质成绿色片岩、角闪岩、蓝闪石片岩、变质辉长岩和蛇纹岩。其块体规模不等，通常长约几百米，最长的有 30 km，宽约 2 km，最小的仅以米或厘米计。前第三系变质岩是台湾的基底岩层。它的最大特征是遭受了极复杂的变形和变质历史，由岩层未固化前的同沉积变形作用至与俯冲作用相关的高压下的变形作用与变质作用，以及与碰撞作用相关的变形作用等。所以，在宏观上各地层不连续，在小范围，例如一个露头上，皆因强烈的剪切作用呈现剪切褶皱和剪切断层等，使不同性质的岩石交错混杂出现，在高压下岩石发生蓝闪绿片岩相区域变质作用，由剪切而发生的动力变质作用，以及正片麻岩之围岩的接触变质作用。

中央山脉西翼地层小区，位于中央山脉西坡，西以屈尺-荖浓断裂为界，东邻中央山脉东翼地层小区，包括中央山脉的脊梁山岭和它的西侧山地，以及南部的恒春半岛。从台湾东北端的三貂角开始，向南延伸到恒春半岛的南端，全长约 350 km，最宽部分达 50 km。在岩石地层的研究上，可以把本地层小区分成三个地层带，分布在三个不同的地理区内。西部一带

表 1-2 台湾省岩石地层单位序列表

年代地层 \ 岩石地层分区	北港-澎湖地层小区($Ⅵ_5^{10-4}$)	西部山麓地层小区($Ⅵ_5^{10-3}$) 北部 基隆—苗栗	西部山麓地层小区 中部 台中—南投	西部山麓地层小区 南部 台南—高城	中央山脉西翼地层小区($Ⅵ_5^{10-2}$) 恒春半岛	中央山脉西翼 雪山山脉 北部	中央山脉西翼 雪山山脉 中一南部	中央山脉西翼 脊梁山脉	中央山脉东翼地层小区($Ⅵ_5^{10-1}$)	台湾东部地层区(Ⅹ)
新生界 第四系 更新统 中	渔翁岛组	大南湾组								米仑组
新生界 第四系 更新统 下	渔翁岛组	头嵙山组	头嵙山组	六双组 二重溪组 崁下寮组	恒春石灰岩					卑南山组
新生界 第三系 上第三系 上新统	渔翁岛组	卓兰组 锦水组	卓兰组 锦水组	北寮页岩 竹头崎组 茅埔页岩 隘寮脚组	垦丁组 马鞍山组 ?					大港口组 利吉组
新生界 第三系 上第三系 中新统	渔翁岛组 *	三峡群：桂竹林组、南庄组 瑞芳群：南港组、石底组 野柳群：大寮组、木山组	桂竹林组 南庄组 水里坑组 大坑组	盐水坑页岩 糖恩山组 长枝坑组 红花子组 三民页岩	乐水组 长乐组	苏乐组 澳底组		庐山组 礼观组		都峦山组 (奇美火成杂岩)
新生界 第三系 下第三系 渐新统		五指山组 蚊子坑组	粗坑组			大桶山组 乾沟组 四棱组 西村组	水长流组 白冷组 眉溪砂岩 佳阳组	?		
新生界 第三系 下第三系 始新统							达见组 十八重溪组	毕禄山组		
新生界 第三系 下第三系 古新统	王功组							碧侯组		
前新生界 前第三系 白垩系 上统										
前新生界 前第三系 白垩系 下统	云林组								大南澳群：天祥组、长春组、九曲组、开南冈组	
前新生界 前第三系	钻孔中见砂岩、页岩									

*钻孔中见渔翁岛组之下为中新世的细砂—粉砂岩、粘土岩夹灰岩及中生代(?)的硅质粉砂岩、细砂岩、热液蚀变的长石砂岩等。

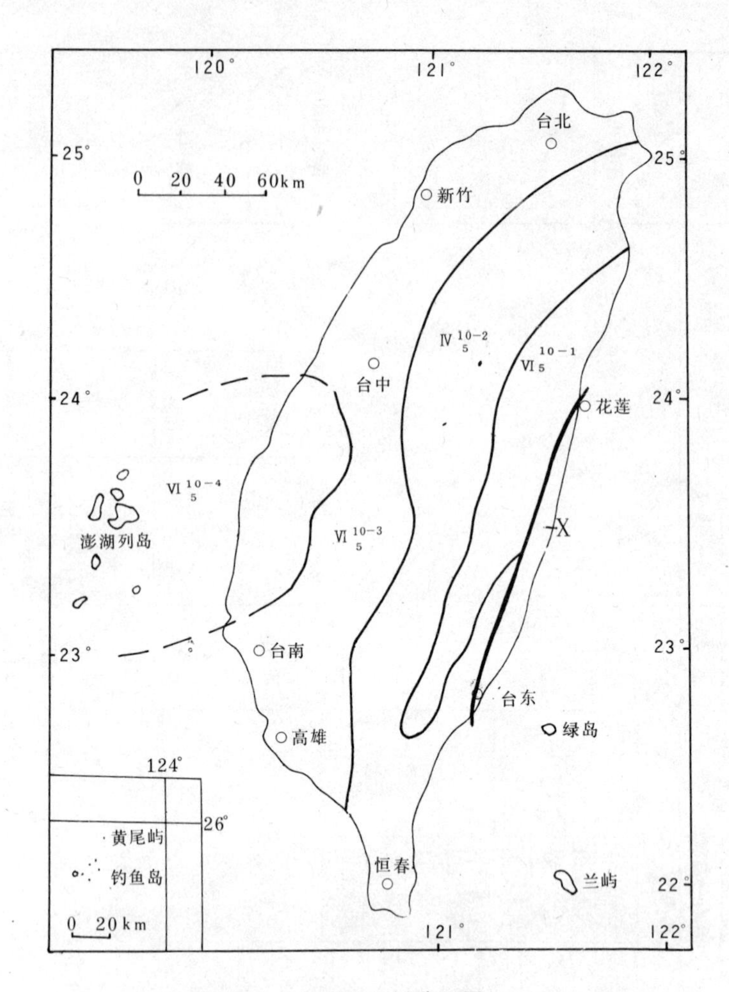

图 1-1 台湾省地层分区图

VI_5 东南地层区； X 台湾东部地层区

VI_5^{10} 台湾地层分区：

VI_5^{10-1} 中央山脉东翼地层小区；

VI_5^{10-2} 中央山脉西翼地层小区；

VI_5^{10-3} 西部山麓地层小区；

VI_5^{10-4} 北港-澎湖地层小区；

通常称为雪山山脉带，西边以屈尺断层与西部山麓地层小区分隔，东边以梨山断层跟脊梁山脉带相邻，南北长约 200 km，平均宽约 20～25 km，东北起自东北海岸的福隆，向南延经乌来、雪山、埔里和日月潭地区，到达玉山山脉南侧荖浓溪的上游为止，全岛最高的玉山也包括在内。东部一带称为脊梁山脉带，位于雪山山脉带的东边和南边，长约 300 km，宽 20～25 km。包括所有的脊梁山脉带最高山岭以及中央山脉的南部，脊梁山脉带东边又以台东纵谷断层与台湾东部地层区相隔。南部的一个地层带位于恒春半岛的南段，长仅 25 km，宽 20 km，一般认为它与脊梁山脉带之间，被一个走向 NW 的断层所分隔。中央山脉西翼地层小区内大部分出露的是深灰或灰黑色的页岩、板岩、千枚岩以及白色和灰色的砂岩。砂岩中通常夹有薄层或不规则透镜状的煤线或碳质页岩，钙质或凝灰质的透镜体或结核多散布在中央山脉高处的板岩中，玄武岩质的碎屑岩和凝灰岩多呈不规则散布，一般延伸有限，其时代分属于始新世、渐新世和中新世。本地层小区内岩石地层的划分十分困难，其原因在于岩性单调、地层层序不明、岩层间缺少明显的间断，以及处于高山峻岭地带，地形崎岖，难以攀涉，地质研究程度较低，虽然如此，三个地层带仍有各自的岩石组合特征。雪山山脉带的特征是具有碳质岩层、厚层白色硅质砂岩，几乎没有钙质岩透镜体，部分页岩已变质成板岩，砾岩很少发现，火山碎屑岩在这一带的北部和中部多有出现。在脊梁山脉带中岩石变质程度增强，板岩或千枚岩是主要的岩石，其中含凝灰质或钙质的结核以及粉砂岩、砂岩和砾岩的夹层。板岩有时和石英砂岩成为互层，但是没有厚层的粗粒白色石英岩和碳质岩层，火山碎屑岩在脊梁山脉的中部和南部出现。恒春半岛南段的岩石特征是未受变质的页岩、粉砂岩、砂岩及砾岩，有标准的浊流沉积物，鲍玛层序在岩层中十分发育，岩相变化也非常显著。

西部山麓地层小区位于台湾西部中央山脉以西的山麓丘陵地带，自基隆、台北至高雄以南，南北长约 330 km，东西宽 30～40 km，其东侧以屈尺-�浓断裂与中央山脉西翼的第三纪浅变质岩地层分隔，西临滨海平原，主要由滨海、海陆交互相—浅海相的砂岩、粉砂岩、页岩或泥岩，夹煤和火山岩等组成，总厚度在 8 000 m 以上，其中含煤、石油、天然气等重要矿产。

北港-澎湖地层小区位于西部山麓地层小区的西侧，包括彰化—云林—嘉义—台南以西的滨海平原和澎湖列岛。目前地表所能见到的地层，在澎湖地区为中新—更新世的玄武岩，在北港、滨海平原地区则为一套更新—全新世的松散沉积物，但据钻孔资料，本区尚隐伏有一套巨厚的第三纪及前第三纪地层。

台湾东部地层区位于“台东纵谷”以东，东濒太平洋，包括海岸山脉，以及绿岛、兰屿等岛屿。海岸山脉南北长 150 km，最大宽度在中段约 10 km，南北两端宽仅 3 km，其陆地面积仅占台湾全省面积的 3%左右，它代表菲律宾海板块前缘的晚第三纪岛弧，是吕宋岛弧的北延部分，有其独特的地质构造特征。正因为它所处的特殊地位，其地层特征与台湾地层分区完全不同，它是由一套具有较多的火山岩，分选性较差的沉积岩和混杂堆积岩层为特征的晚第三纪地层组成，包括岛弧安山质火山岩、火山碎屑岩、浅海相石灰岩、深海相沉积岩、俯冲与碰撞作用产生的混杂岩和海相崩积层；而绿岛和兰屿出露的则主要为安山岩和安山集块岩。

本书的编写体例按全国的统一要求进行，但鉴于台湾东部地层区的地质构造特征及地层序列等与台湾地层分区有较大的差异，故将台湾东部地层区单独列章叙述。

第二章
前第三纪

台湾的前第三系，主要出露于中央山脉的东翼，独立构成一个地层小区。在中央山脉西翼地层小区的东缘也有零星分布。北港-澎湖地层小区的前第三系在地表没有出露，只是在北港-澎湖地区被钻井揭示。

通过地层的清理研究，本断代共有7个岩石地层单位，包括1个群，6个组，其中大南澳群、开南冈组、九曲组、长春组和天祥组分布于中央山脉东翼地层小区，碧侯组出露于中央山脉西翼地层小区的东缘，而云林组仅在西部滨海平原的北港-澎湖地层小区的钻井中钻遇。

第一节　岩石地层单位

大南澳群　AnR*D*　（71-0001）

【创名及原始定义】　小笠原美津雄1933年于大南澳地质图幅说明书中创名“大南澳统”，划属前第三系。地质图中之岩石单位包括片麻岩、角闪岩、结晶石灰岩、绿泥片岩、绿泥云母片岩、石英片岩、石墨片岩。

【沿革】　1960年，颜沧波首先对变质岩做了地层学的研究。对于变质岩的整体，颜氏以“大南澳片岩”称之，对其变质前之原岩称为“大南澳群”，并再分为4个岩层单位：

- 大南澳群
  - 玉里层　粗粒砂岩、页岩、基性凝灰岩及蛇纹岩
  - 太鲁阁层
    - 东澳相：砂岩、页岩、基性熔岩、凝灰岩、石灰岩、蛇纹岩
    - 大清水相：石灰岩为主
  - 开南冈层　砂岩
  - 三锥层
    - 公相：砂、页岩、基性凝灰岩及灰岩
    - 罗宇志相：主体由石灰岩组成

1982年王执明又把“大南澳片岩”分为下列地层单位：

玉里层	以石英云母片岩、云母片岩为主，偶夹绿色片岩及蛇纹岩
长春层	以绿色片岩、薄层大理岩、石英岩及角闪岩为主
九曲层	厚层块状大理岩为主
天祥层	以石英云母片岩、千枚岩、变质砂岩为主

1991年，王执明又依其岩性：片岩、片麻岩、大理岩、绿色片岩（含石英片岩、薄层大理岩等），将大南澳群做如下划分：

大南澳群	天祥层	片岩、千枚岩夹变质砂岩
	长春层	绿色片岩、变质基性岩、石英片岩及石英岩，薄层大理岩
	九曲层	厚层大理岩
	开南冈层	片麻岩及片岩为主

【现在定义】 由前第三系的石英云母片岩、千枚岩、绿色片岩、石英片岩及石英岩、大理岩、片麻岩和变质基性岩等混杂岩石组成的变质岩系。包括开南冈组、九曲组、长春组和天祥组。总厚度推测有6 000 m。其上被碧侯组、毕禄山组或庐山组不整合覆盖。

【地质特征及区域变化】 在大南澳群变质杂岩中，可分出两个不同的岩性带，这就是颜沧波于1963年划分的“太鲁阁带”及“玉里带”，两者被寿丰断层分开。西边的“太鲁阁带”分布范围较广，大南澳群拥有的各种岩类都有出露。东边的“玉里带”的分布范围要小得多，由单调的云母片岩、石英云母片岩，偶夹绿色片岩组成。代表洋壳碎块的变质基性岩和外来岩块也包含在“玉里带”的片岩内。这两个带在岩性上的重大差别是“太鲁阁带”中出现大量的大理岩和北部地区出露片麻岩，而“玉里带”中则无。

大南澳群大理岩中曾发现䗴科化石和珊瑚化石（详见九曲组），表明大理岩的年代是二叠纪。又于石英云母片岩中发现许多沟鞭藻化石，其年代约在早侏罗世至早白垩世。大南澳群在部分地区与第三系呈不整合接触。由此判断大南澳群的时限包含了晚古生代至早白垩世，或笼统地属前第三纪。

开南冈组　AnR*k*　（71－0002）

【创名及原始定义】 颜沧波1954年首先提出“开南冈片麻岩”，地点在花莲县北的开南冈（今名和仁）地区。指原岩以硅质长石砂岩及粗粒长石质砂岩为主，夹有细粒砂岩、页岩及石灰岩，经变质为片麻岩类、绿色及黑色片岩类。其厚度约800 m（林朝棨、周瑞燉，1974）。

【沿革】 王执明（1991）修正后的“开南冈层”将石灰岩排除，仅以片麻岩部分为主，少部分地区叶理密集处呈片状构造者亦归入本层。这里的片麻岩又专指片麻状构造极发育的“开南冈型片麻岩”，本书引用王执明的定义，并以开南冈组代替“开南冈层”。

【现在定义】 主要由片麻理发育的片麻岩组成。岩石呈粗粒片麻状，主要由石英、黑云母和斜长石组成，也含有白云母、绿泥石、绿帘石、石榴石和角闪石等。片麻岩与围岩接触关系普遍为断层接触。

【地质特征及区域变化】 主要出露在大南澳群变质杂岩区的北部，只限于太鲁阁带中，散布在苏澳至花莲间的源头山、饭包尖山、大浊水、开南冈、崇德、溪畔等地区，在太鲁阁地区主要分布于立雾溪口，自崇德北向南延伸至崇德、富世至三栈溪两岸。另外在溪畔以西的燕子口一带也有较大面积分布。据王执明（1991）的研究，片麻岩经历三期的变质作用。第一期变质作用受后期作用影响而不易辨识，仅以斑状变晶之核心部分，推断为残留的第一期矿物，由残存斜长石的钙含量和环带角闪石内核推断的变质温度为500 ℃左右，压力（1 000～3 000）$\times 10^5$ Pa。第二期变质作用由共生矿物组合推论，温度范围为630～725 ℃，压力（3 500～7 300）$\times 10^5$ Pa，达角闪岩相。第三期变质由角闪石外缘成分所推得的变质压力为（4 100～4 500）$\times 10^5$ Pa，在此压力下由硅白云母的成分所推得的变质温度为480 ℃。

有关片麻岩的定年资料十分缺乏。东澳至南澳一带片麻岩中之黑云母K－Ar年龄为30～

39 Ma，溪畔—太鲁阁的片麻岩中之黑云母 K－Ar 年龄为 6.5～9.6 Ma。这些年龄值不能用于确定片麻岩的形成时代，甚至不具地质意义（王执明，1991）。

蓝晶莹(1989)利用源头山片麻岩中不同铷锶比值的岩样，得到一个 316 Ma 的全岩年龄，从区域地质和变质作用角度分析，这个年龄可能更接近于片麻岩的真实时代。

【问题讨论】 台湾的片麻岩可以分成两个类型，一类就是开南冈组的片麻岩，又称“开南冈型片麻岩”。另一类的特征是岩石结构类似花岗岩，颗粒粗，不具片麻理，普遍有片岩或大理岩的包体，此类岩石称“溪畔型花岗岩”或花岗片麻岩。它们形成于大南澳群之后，甚至可能就是正常侵入的花岗岩，但是在台湾以往的文献中，将其全部称为片麻岩。这样就难以判定区域上哪些片麻岩归开南冈组，哪些归花岗岩。王执明虽然做了区分，但仅限于太鲁阁的一个局部地区。

开南冈组的片麻岩，原岩可能为砂岩和页岩（恩斯特等，1981）。但是王执明（1991）研究溪畔、富世和崇德地区的片麻岩化学成分，恢复片麻岩的原岩全为花岗岩。这样看来，开南冈组片麻岩是正片麻岩还是副片麻岩或正、副兼有仍是一个未解决的问题。

九曲组 AnR*j* (71－0003)

【创名及原始定义】 王执明 1979 年于中部横贯公路进行地质工作时最初提出“九曲层”，标准地为大理岩分布最广之花莲县九曲洞一带。岩性以块状厚层大理岩为主，(王执明，1991)。

【沿革】 王氏的“九曲层”应相当于颜沧波（1963）“三锥层”中之“罗宇志相”及“太鲁阁层”之“大清水相”中的石灰岩，经变质而成之大理岩。本书沿用王执明的定义并更名为九曲组。

【现在定义】 以厚层块状大理岩为主，部分为白云岩、片岩等，常呈黑白相间条带。与其它岩层的接触关系多为断层接触。

【地质特征及区域变化】 大理岩常见为灰白色，中夹碳质物，碳质物集中处呈暗色薄层。矿物组成以方解石为主，白云石富集时，呈串肠状或小透镜状。

九曲组分布在大南澳群变质岩系的东北部和西部，形成最显著的一条岩带，北起自苏花公路和平溪以北的谷风，向南延伸到台东县关山以西，总长 150 km。在谷风以北仍旧有星散的层状或透镜状大理岩，从关山向南到台东市南太麻里溪上游地区的片麻岩中也常常局部夹有条带状、小透镜状的大理岩，南部知本主山的片岩中所含的大理岩厚达 160 m。九曲组在和平溪和花莲市间苏花公路的中段发育最良好。在这一地区大理岩的厚度估计 1500～2000 m（王执明，1991）。由这地区向南，大理岩渐变狭、变薄。白云岩常常和大理岩共生，呈透镜体、厚层或不规则的块体，夹于大理岩中，其厚度从数米到数十米不等。大理岩和白云岩是台湾较有经济价值的矿产。

颜沧波等在南子、东澳及库司的大理岩中发现䗴科化石，经鉴定属于 *Schwagerina*（?），*Parafusulina*（?）和 *Neoschwagerina*（?），另外在马太鞍溪发现珊瑚化石，经鉴定为 *Waagenophyllum*（王执明，1991）。这些化石指示九曲组大理岩的年代是二叠纪。根据 $\delta^{13}C$ 的研究，大理岩的 $\delta^{13}C$ 相当于鞑靼期（230～243 Ma），由大理岩的铷锶比值研究，推断大理岩形成于 190～310 Ma（江博明等，1984）。江博明还在大理岩中测得一条相当好的 Pb－Pb 等时线，年代为 166±33 Ma，代表变质作用的时间（王执明，1991）。

【问题讨论】 大南澳群中有两个含有大理岩的岩石单位，除了九曲组外，长春组中也有大理岩薄层，有时厚度也可达数米或数十米。在这种情形下，要判断孰是九曲组，孰是长春组可能会有困难。据王执明（1991）的研究，区别二者的主要标志是长春组的大理岩多薄层且与绿色片岩或石英岩成互层，另一个特征是长春组大理岩多呈柔性褶皱，而九曲组大理岩则呈开放式褶皱。

长春组　AnR*ĉ*　（71－0004）

【创名及原始定义】　“长春层”之名称，源自陈培源（1963）“沙卡礑大理岩”的下段，陈氏称为“长春桥段”，其岩性为薄层大理岩与钙质石英岩互层。命名地点位于花莲县中横公路上的长春桥。

【沿革】　1982 年王执明将“长春桥段”岩性范围扩大，包括绿色片岩、变质基性岩、石英片岩（变质燧石），以及少量之硬绿泥岩、变质富锰岩石、蛇纹岩等，相当于海洋地壳的岩层，乃将“段”改为“层”，称为“长春层”。本书将其改称为长春组。

【现在定义】　以绿色片岩为主，夹石英片岩、石英岩及薄层大理岩等。与九曲组为断层接触，与天祥组推断为不整合或断层接触。

【地质特征及区域变化】　长春组的岩石种类，以绿色岩最多，夹有大理岩、石英岩等多类岩石呈薄互层。其共同特征是岩石本身为绿色，即使是白色或灰白色的大理岩，白色或淡黄色的石英片岩，其中也多含有绿泥石等矿物，或多有绿色岩与其共生。

（1）绿色岩类　①绿色片岩：片理非常发育，颗粒较小，夹有或多或少的方解石富集层。层厚数十厘米至数米。矿物成分以绿泥石为主，含石英、斜长石、方解石。其原岩极可能为基性凝灰岩。②变质基性岩：为绿色岩的一种，指仍可辨认火成岩岩石结构、构造者。受变质作用后，矿物略呈平行排列，由钠长石、绿泥石或阳起石组成。原岩可能为玄武岩。在和平地区、木瓜溪及南部横贯公路，变质基性岩之枕状构造尚清晰可查。有些变质基性岩，尚可辨视玄武岩结构、杏仁构造及气孔中充填的碳酸盐及绿泥石。

（2）石英片岩及石英岩　石英片岩为薄层的石英岩，片理发育，有时夹含绿泥石的薄层。厚层缺少片理的石英岩外观似大理岩，但据硬度极易区别。

（3）大理岩及硅质大理岩　长春组中之大理岩层较九曲组大理岩层薄，与绿色岩或石英岩呈互层，有时厚度也可达数米或数十米。长春组大理岩有时含较多硅质而成为硅质大理岩，亦多呈薄互层。

（4）其它岩石种类　硬绿泥石岩、富锰岩等变质岩，产出极少。硬绿泥石岩的铁、铝含量极高且含微小刚玉晶体。被认为是古红土层变质而成，指示不整合面的存在。富锰岩石则代表海洋环境的物质（王执明，1991）。

长春组在变质岩区的分布较广，但多断续出露，延续性差。

长春组绿色片岩是块状含铜黄铁矿床的主要围岩，在许多地方含铜黄铁矿呈透镜状或层状产在绿色片岩的片理面中间。

天祥组　AnR*t*　（71－0005）

【创名及原始定义】　陈培源 1963 年首先提出“天祥片岩”。将太鲁阁沙卡礑地区出露之绿色片岩及石英云母片岩、千枚岩命名为“天祥片岩”，该类岩石于老西溪以西、天祥一带出露最好。命名地天祥位于花莲县的中横公路上。

【沿革】　王执明将“天祥片岩”称为“天祥层”，并修正陈氏定义，仅包括黑色的石英云母片岩部分及伴随片岩出露之千枚岩及变质砂岩等。将陈氏原定义中之绿色片岩归入“长春层”。王执明（1982）最初将“天祥层”置于“开南冈层”之下，并且与颜沧波（1960）的“三锥层’对比。由于后来在“天祥层”中发现有中生代藻类化石，故将“天祥层”置于“九曲层”之上。本书沿用王执明“天祥层”之定义，并更名为天祥组。

【现在定义】 以灰、深灰色石英云母片岩和千枚岩为主，夹大量变质砂岩、绿色片岩、角闪岩及少量大理岩的外来岩块。其上被毕禄山组不整合覆盖，其下与长春组推断为不整合或断层接触关系。

【地质特征及区域变化】 天祥组在变质岩中的分布最广，北起花莲县之吉安，南至南横公路，南北长约150 km，平均宽7～8 km。天祥组以石英云母片岩与千枚岩为主，夹有少量数十厘米至数米厚的变质砂岩层。地层的延续性不佳，最显著的特征为含有大量之外来岩块，大者可以公里计，小者以米或厘米计。外来岩块有片岩、千枚岩、变质砂岩、绿色片岩、角闪岩及少量大理岩，但未发现片麻岩岩块。

石英云母片岩与千枚岩因常呈深灰色，前人文献中多以“黑色片岩”或“石墨片岩”称之。

变质砂岩或变质杂砂岩夹于石英云母片岩中。有时独立成层，延伸一段距离，有时以外来岩块方式夹于石英云母片岩之中。变质砂岩常呈糜棱岩状或眼球状，外观似变质砾岩，但所谓之“砾”实为石英聚集而成，于显微镜下可见糜棱岩之标准碎斑构造。

陈政恒（1989）于中部横贯公路之天祥沿线及苏花公路台湾石矿公司苏澳厂附近石英云母片岩中，发现含有许多沟鞭藻化石，以贴近型孢囊为主，部分为腔型孢囊。常出现的种属为 *Druggidium* sp.，(?) *Eyachia* sp.，*Gonyaulacysta* sp.，(?) *Tubotuberella* sp.，(?) *Subtilisphaera* sp. 等。*Cribroperidinium* sp.，（?）*Carpodinium* sp. 与（?）*Wanaea* sp. 只出现于天祥，(?) *Nannoceratorpsia* sp. 只出现于苏澳地区。由种属整体特征推论其年代之分布范围约在早侏罗世晚期至早白垩世（120～190 Ma），其重要种属尤其集中在120～155 Ma之间（王执明，1991）。

云林组　K_1y　(71-0006)

【创名及原始定义】 60年代后期，台湾的“中国石油公司”在澎湖至北港基底隆起区进行油气地质勘探时，在许多钻井中发现时代上可能为中生代的地层，经周瑞燉、黄敦友和黄延章等人进行的地层学、岩石学和古生物学的研究，确定其时代属白垩纪早期。1983年纪文荣将这套地层命名为“云林层”。

【沿革】 1992年编制的《台湾省区域地质志》更名为云林组，今沿用之。

【现在定义】 云林组由一套灰—灰白色砂岩、细砂岩、粉砂岩、页岩、薄层灰岩以及砾岩和少量玄武岩等组成。其上为野柳群（?）所不整合覆盖，其底部以一层砾岩覆于时代不明的地层之上。

【地质特征及区域变化】 云林组的砂岩以长石砂岩为主，细粒至中粒，分选性较差，主要矿物成分为石英、正长石、斜长石及微斜长石等，在北港二号井中，长石含量高达56%。在该井云林组的底部以一层砾岩不整合覆在时代不明的地层之上。砾石成分为石英、燧石、大理岩、片岩和板岩，它们可能大部来自东部的大南澳群，具有底砾岩的性质。

云林组之上多数被中新世早期或中期，少数可能被古新世的地层超覆不整合覆盖。

云林组分布于云林、嘉义和澎湖地区，北港二号（PK-2）、三号（PK-3）、后壁一号（HP-1）、梅林一号（MLN-1）、金湖一号（GH-1）和澎湖通梁一号（TL-1）等钻井中均钻遇云林组。另据周瑞燉（1970），八卦山一号和二号井也可能有云林组。部分钻井位置见图2-1。

云林组在各钻井中的埋深和厚度变化都很大。在金湖一号井埋深1 436 m，后壁一号井埋深 4 023 m，八卦山一号井和二号井埋深分别达 5 383.7 m和 5 194 m，在通梁一号井埋深只有 503 m。云林组厚度在北港二号井为 530 m，北港三号井中仅 63 m，在通梁一号井中 395.5 m 厚仍未钻透。

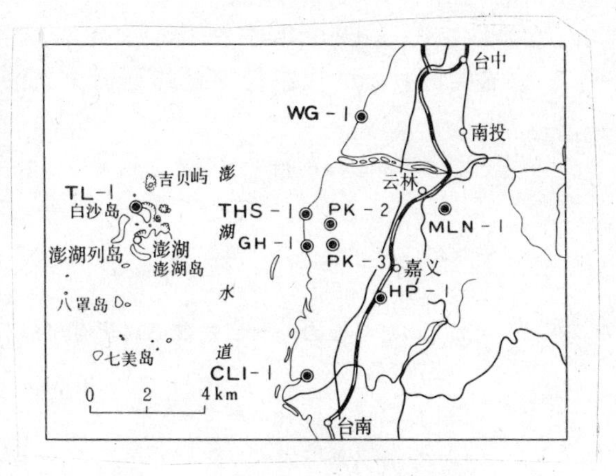

图 2-1　台湾西部部分钻进位置图

云林组中发现含有钙质超微、菊石、孢粉以及双壳类和腹足类等化石。钙质超微化石主要有 *Rucinolithus irregularis*, *Micrantholithus obtusus*, *Nannoconus minutus*, *Braarudospheara africana*, *Chiastozygus litterarius*, *Cyclagelosphaera margereli*, *Lithastrinus floralis*, *Parhabdoithus asper*, 这些化石组合相当国际标准的CC7 化石带，它们指示的年龄值约 109～115 Ma，相当于早白垩世 Aptian－Albian。菊石化石主要有 *Holcophylloceras caucasicum taiwanum*, *Cheloniceras* aff. *orientale*, *Dufrenoyia* sp. aff. *D. discoidalis*, *Dufrenoyia* sp. 等 4 种，它们在欧洲、美洲等不少地区也都有广泛分布，时代属早白垩世 Aptian。孢粉化石组合主要有 *Cicatricosisporites* sp.，*Classopollis peikangensis*，*C. minor*，*C. striatus*，*Relitriletes* sp. 等，它们大多属世界性广泛分布的白垩纪时代指示分子，反映时代主要为早白垩世 Aptian，部分延至晚白垩世 Cenomanian。除上述化石外，云林组中还发现有 *Tetoria*（*Paracorbicula*）sp.，*Nemocardium* sp. aff. *N. yatsushiroense*, *Cucullaea* sp. aff. *C. acuticarinata*, *Costocyrena peikangensis*, *Amygdalum* sp. aff. *A. ishidoense*，"*Cardita*" *sulcateria*，*Neithea* sp.，*Mesosaccella*（?）*taiwanensis* 等咸水和半咸水的双壳类化石，时代也属白垩世 Aptian。综上古生物特征，云林组的时代属于早白垩世。

根据云林组的物质成分和古生物群特征，其沉积环境大部分可能属于浅海相，少部分可能属于河流和三角洲相，并且是一个在不稳定环境中形成的地层。

碧侯组　K_2E_1b　（71-0007）

【创名及原始定义】　碧侯组源自 1933 年小笠原美津雄所创的"壁耶哮层"，命名地点位于宜兰县大南澳山地壁耶哮村（碧侯村）（毕庆昌，1956）。"壁耶哮层"属"古第三系苏澳相（有时称为苏澳统或苏澳群）"的一部分，"主要以漆黑色板岩组成，其中夹有细粒石英质砂岩之薄层，本层厚度达 3000 公尺以上，似相当于乌来相之四棱砂岩之下伏层（西村层、中岭层等）。"（林朝棨，1961）。

【沿革】　1956 年颜沧波等在中央山脉的板岩层中发现有两种基底砾岩："M 砾岩"（"奇瑶谷砾岩"或"壁耶哮砾岩"）和"E 砾岩"。"M 砾岩"直接覆盖在"大南澳片岩或片麻岩"之上，而"E 砾岩"出现于始新世岩层底部。颜氏将中央山脉板岩层中"E 砾岩"与大南澳片岩之间所夹的，由千枚岩、结晶灰岩、砂岩、板岩、砾岩（即"M 砾岩"）组成的地层称"碧侯层"，并将其细分为下部的"奇瑶谷段"（主要由千枚岩、结晶灰岩组成，底部为"M 砾岩"）和上部的"草涧段"（由板岩和砂岩组成）。其时代定为晚中生代或早第三纪初。颜氏有时又把"碧侯层"简称为"ME 层"。本书沿用颜氏定义，并更名为碧侯组。

【现在定义】　不整合伏于毕禄山组之下，不整合覆于大南澳群之上。其下部以千枚岩为主，夹薄层结晶灰岩，厚约 1500 m，底部具底砾岩（"M 砾岩"）；上部以板岩为主夹砂岩及含砾砂岩，厚1400 m。

【层型】 碧侯组标准地的剖面由颜沧波等1956年测得，可作为选层型，其层序如下：

上覆地层：**毕禄山组** 厚层砂岩（含砾砂岩或板岩）即“E砾岩”

～～～～～～ 不 整 合 ～～～～～～

碧侯组 总厚度约2 900 m

上部 厚约1 400 m

15. 砾岩与板岩 板岩中含植物化石与箭石（?）化石之结核
14. 厚层砂岩
13. 板岩（夹玢岩，厚2 m）
12. 板岩（夹砂岩及含砾砂岩层）
11. 硅化砂岩（夹板岩）
10. 板岩与砂岩之薄互层
9. 板岩（夹薄层砂岩，富含石英脉）
8. 砂岩（虫状及树枝状构造）
7. 砂岩（部分含砾）

———— 整 合 ————

下部 厚约1 500 m

6. 千枚岩（夹薄层灰岩）
5. 千枚岩（褶皱发育，含石英脉及硫化铁结核）
4. 薄层结晶灰岩
3. 千枚岩
2. 薄层结晶灰岩
1. 砾岩，即“M砾岩”（含微结晶灰岩，颇似海胆的刺及*Orbitolina*? 化石之痕迹）

～～～～～～ 不 整 合 ～～～～～～

下伏地层：**大南澳群**

【地质特征及区域变化】 出露于碧侯村附近的“M砾岩”，厚20 m，砾石直径达10～50 cm，圆盘形或次棱角形，部分呈叠瓦状构造，砾岩呈正常层序，分选性差。砾石的成分多为片麻岩、石英云母片岩、石英片岩、脉石英、大理岩等。胶结物为板岩质或砂质。砾石之片理与胶结物之片理方向不同。

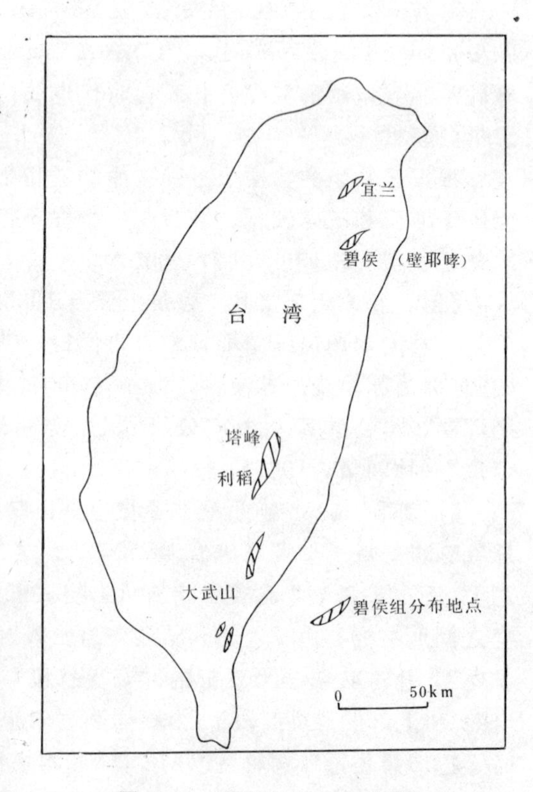

图2-2 碧侯组分布示意图

碧侯组分布于中央山脉的宜兰、壁耶峷、塔峰、利稻和大武山地区（图2-2）（周瑞燉，1985）。出露于拉克拉克溪13里与塔峰之间的岩层称“塔峰层”（颜沧波等，1956），出露在新武路溪利稻与雾鹿之间者称“利稻层”，与碧侯组均可对比。其岩性为板岩夹厚层砂岩，底部具1 m厚的砾岩，伏于毕禄山组含砾砂岩之下，其下与大南澳群为不整合接触，总厚约 2 700 m。

碧侯组的板岩中常常看到黄铁矿化之箭石（?），暗示其属中生代。上覆的毕禄山组底部“E 砾岩”内含有孔虫、珊瑚、石灰藻、贝类及腕足类（?）等，大部分保存不佳，无法鉴定，仅两种珊瑚，经鉴定，为 *Astrocoenia* 及 *Elephantaria*，其时代为白垩纪晚期（或古新世）。“E 砾岩”来自碧侯组，故碧侯组的地质时代为晚白垩世至古新世（林朝棨、周瑞燉，1974）。

第二节　问题讨论

中央山脉东翼的前第三系变质岩经受多次变质与复杂的变形作用，具有混杂岩的性质，所以在地层划分命名及对比上也就产生一定的困难，它们缺少可资鉴定的化石和足够的定年资料，岩层的层序难以确定，只有在极少数地方的大理岩中发现过二叠纪的䗴科和珊瑚化石，在石英云母片岩中发现时代为早侏罗世至早白垩世的藻类化石。变质岩的同位素定年资料虽不少，但它们多是变质作用、造山运动或岩浆活动的记录。所有地层单位都没有标准的地层剖面，因之其厚度也难以确定，每一个地层的上界和下界也无法指出来，像这样的地层分类，无可避免地存在许多不确定因素。颜沧波（1960）最早提出的“大南澳群”分类，各地层单位的岩性是恢复到未变质的情形，显然有悖于岩石地层单位的划分原则，而且每一个地层的时代都是比照日本四国岛出露的三波川系中同样岩性的变质岩来确定的，可是日本和台湾相距很远，地质背景也不一定相同，两地所见岩性相同的变质岩在其它方面（如时代等）是否一定相同，就难以确定了。王执明的“大南澳群”分类，是依据岩石之特性而建立的地层单位，在研究程度上较之前人更深入一层，但是王氏的地层系统都是根据北部太鲁阁地区所见的地层而定，可适用于该地区。由于南北岩相的变异，缺少化石佐证，地层层序对比的不确定，以及复杂的构造演变，这些地层单位到了大南澳群出露区的南部，就不一定适用，这是要特别提出的问题。

澎湖通梁一号井的云林组缺少化石的依据，仅仅是根据岩性与北港地区的云林组十分相似而进行对比的，八卦山一号和二号井的中生代地层也存在类似的问题。台南县境内的佳里一号井（CL1－1）曾钻遇厚 800 m 的结晶灰岩，通常人们将它与中央山脉大南澳群中的大理岩相对比，但原振维等 1985 年曾指出佳里一号井下的结晶灰岩的年代，不如想象中的老。因为选自后壁一号井、王功一号井及佳里一号井等四口探井云林组的岩芯，分离出碎屑锆石，作裂变径迹定年，发现年代多在 199—269 Ma 范围之内，显示云林组之沉积物主要来自二叠纪至侏罗纪时期的岩层，其中采自佳里一号井内结晶灰岩的两颗碎屑锆石年龄分别为 144±20 Ma 和 260±34 Ma。依此推断，认为这 800 m 厚的结晶灰岩应该归云林组。本书认为，佳里一号井内的结晶灰岩，不能归云林组，主要理由是：首先，云林组没有灰岩或仅有薄层灰岩，不可能在佳里突然出现厚度超过云林组自身厚度的灰岩层。其次，云林组基本上不变质，所以即使有灰岩，也不具备造成灰岩重结晶的条件。还有，根据岩石地层的定义，即使结晶灰岩时代与云林组的时代相同，由于岩性与岩石组合不同，也不能归属同一岩石地层单位。

“碧侯层”自颜沧波研究至今已近 40 载，但在台湾的地质文献中始终在有无之间讨论。杨昭男等（1985）对碧侯层标准地区进行详细的构造研究后指出：台湾的所谓含有始新世 *Nummulites* 化石（货币虫属）的“E 砾岩”层仅呈现一组劈理，而“碧侯层”遭受两期褶皱而呈现两组不同的劈理，由此判断“碧侯层”的时代显然老于始新世。问题是“E 砾岩”可能不是一个分隔白垩纪“碧侯层”板岩与始新世板岩的基底砾岩（何春荪，1986），这样，含有白垩纪晚期化石的“E 砾岩”也不一定来自碧侯组。因为碧侯组多位于毕禄山组的下部，而且岩性上和毕禄山组无多大区别，所以何春荪 1986 年将碧侯组一并归入毕禄山组。总之，由于碧侯组的研究尚欠完善，该地层的存在与否仍然是一个变数。与碧侯组同物异名的“塔峰层”，“ME 层”和“初来层”建议停用。

第三章 第三纪

第三纪地层在台湾省占主要地位，分布在除中央山脉东翼以外的大部分地区，约占台湾省陆地面积的70%。地层厚度大，其岩性、岩相、含矿性以及研究程度等在各地区均有不同程度的差异，通过地层清理研究，本断代除台湾东部地层区外，共有46个岩石地层单位，其中有3个群、43个组。庐山组、礼观组、毕禄山组分布于中央山脉西翼地层小区的脊梁山脉中，十八重溪组等12个组分布于中央山脉西翼地层小区的雪山山脉，长乐组等4个组分布于恒春半岛南段，王功组及渔翁岛组则分布于西部的北港-澎湖地层小区内。在西部山麓地层小区内的岩石地层单位有25个，其中有3个群、22个组（详见表1-2）。

第一节 岩石地层单位

王功组 E_1w (71-0008)

【创名及原始定义】 "王功层"为纪文荣于1983年所创。其命名地点位于彰化县西南约24 km海边的王功村。指于王功一号井（WG-1）和台西一号井（TAS-1）中钻遇的古新世地层。在王功一号井"其深度自3 054至3 180 m处之地层主要由淡灰至淡绿灰色页岩与淡绿灰色钙质或泥质砂岩之互层组成，其深度自3 180至4 100 m处地层主要由厚层绿色凝灰岩、集块岩、玢岩至玄武岩、石灰岩（上部）及黑灰色硬钙质页岩组成"（周瑞燉等，1986）。

【沿革】 1992年福建省地质矿产局编制"台湾省区域地质志"时改称王功组，今沿用之。

【现在定义】 主要由厚层绿色凝灰岩、集块岩、玄武岩，以及杂色火山碎屑岩、砂岩和页岩组成，偶夹石灰岩，其上为中新世早期地层所覆盖，未见底。

【地质特征及区域变化】 在王功一号井和台西一号井中，该组分别见于井深3 054—4 100 m和1 244—1 981 m处，均未见底。而井中之王功组岩性大致相同。另在铁砧山34号井之深4 992—5 217 m处之岩性为绿灰色至褐灰色厚层集块凝灰岩，与王功一号井相似，但未发现化石。

王功一号井岩芯中产钙质超微化石 *Heliolithus kleinpelli*，*H. riedeli*，*Discoaster mohleri* 和 *Fasciculithus tonii*，以及有孔虫化石 *Globorotalia pseudomenardii*，*G. whitei*，*G. velascoensis* 等。其化石组合大致可与马丁尼（1971）的NP6—NP8化石带，甚至NP9化石带对比，或与

卜劳（1969）的P4大致相当；在台西一号井的1 910 m处发现含钙质超微化石 *Fasciculithus tympaniformis*，大致可与马丁尼（1971）的NP5化石带对比；另于王功组中玄武质凝灰岩测得K-Ar同位素年龄为53.5±2.7 Ma，与古生物化石所显示的地质年代基本一致。据此，王功组的时代主要属晚古新世。

毕禄山组　E_2b　（71-0009）

【创名及原始定义】　何春荪1986年命名“毕禄山层”，标准地位于台湾中横公路大禹岭东北方的毕禄山。“毕禄山层”以板岩和千枚岩为主要岩性，常夹灰岩、泥灰岩或钙质砾岩、钙质砂岩透镜体，其中产大型有孔虫，这是“毕禄山层”的特点之一。另一个特点是“毕禄山层”时常夹有绿色至暗红色的变质火山岩透镜体。这是区别于脊梁山脉其它板岩的标志。

【沿革】　“毕禄山层”原名“新高层”。“新高层”是丹桂之助1944年提出的地层名，标准地点在台湾最高山峰玉山。“新高层”的定义和层序未经过明确的叙述，上下界线极不清楚，厚度也无法估计。70年代台湾地质图（1∶50万）曾用“新高层”泛指中央山脉中出露的所有不分层的始新世地层。后来“新高层”标准地点玉山已被认定是“佳阳层”的出露地点，而且属于雪山山脉带，不在脊梁山脉带中，故废“新高层”，立“毕禄山层”。本书基本依何春荪1986年的“毕禄山层”定义，并更名为毕禄山组。

【现在定义】　以深灰色板岩和千枚岩为主，夹较多薄—厚层细—粗粒的变质砂岩和大理岩及多层砾岩，并含绿色至暗红色变质火山岩，局部具底砾岩。与上覆礼观组和下伏碧侯组、大南澳群均为不整合接触。

【地质特征及区域变化】　毕禄山组代表中央山脉梨山断裂以东的所有始新世地层，在宜兰、高雄、屏东、花莲和台东等县市境内的山地构成两条分布区，主要的一条位于宜兰县苏澳至屏东县潮州以东的南大武山之间，长约250 km，宽1～25 km；另一条位于东部台东纵谷西侧的玉里—知本之间，长80 km，平均宽5 km。

毕禄山组尚无完整的地层剖面，根据少数地区较详细的调查研究，由北往南，不同学者有不同命名，诸如宜兰县苏澳之南和太平山附近的“南苏澳层”和“三星山层”，中横公路大禹岭东的“黑岩山层”，以及南横公路桧谷一带的“桧谷层”等相当毕禄山组的地方性名称。它们虽然无法反映整个毕禄山组的地层层序，但在某种程度上说明了毕禄山组在不同地区的岩性、厚度变化情况。它们除普遍含有钙质岩石和砾石层外，北部和南部的岩性、变质程度也略有差异。北部以板岩和千枚岩为主，夹较多的变质砂岩和大理岩，南部主要由板岩组成，出现的少量砂岩和灰岩仅具极轻微变质；变质火山岩则在北部和南部地区多处出露。毕禄山组的厚度以中部地区最大，约2200 m（“黑岩山层”），北部地区较小，仅500～750 m。

毕禄山组含有大型有孔虫以及钙质超微和少量珊瑚等化石，它们多半出现在板岩、石灰岩透镜体、钙质砾岩等的充填物和钙质砂岩之中。大型有孔虫化石主要有 *Nummulites* sp.，*Discocyclina* sp.，*Assilina formosensis*，*Spiroplectammina* sp.，*Haplophragmoides* sp.，*Lenticulina* cf. *alotolimbata* 等，其中 *Nummulites* sp.，*Assilina formosensis* 和 *Discocyclina* sp. 是始新世的指示分子；钙质超微化石包括有 *Discoaster lodoensis*，*Coccolithus crassus*，*Calcidiscus gammation*，*Sphenolithus obtusus*，*Chiasmolithus solitus*，*Cyclicargolithus floridanus*，*Discoaster bifax*，*Reliculofenestra umbilica*，*Discoasteroides kuepperi*，*Dictyococcites scrippsae*，*Chiaphragmalithus cristatus* 等约42种，它们多半时限延伸较长，大致可与国际标准的NP12—NP16化石带相对比。根据上述生物群特征，毕禄山组时代应属早始新世中晚期—晚始新世早期。毕禄山组所含上述化石均产于中央山脉的脊梁和东侧这一地区的岩层内，而位于玉里和知本间

的地层，目前尚未发现化石，但从岩性对比可将其划归毕禄山组。

【问题讨论】 由于毕禄山组分布在中央山脉的崇山峻岭之中，交通不便，跋涉困难，调查研究程度较低，且缺乏完整的地层剖面，对它的层序、厚度及详细的岩性组合等特征都有待于进一步查明。

何春荪划分的“毕禄山层”在层位和岩性上包含了“碧侯层”。本书与何氏的最大差别之处是将“碧侯层”划出，并更名为碧侯组

“南苏澳层”、“三星山层”、“黑岩山层”和“桧谷层”等与毕禄山组相当的地层名称建议停用。

礼观组 E_3N_1l (71-0023)

【创名及原始定义】 李锡堤1977年调查南横公路地质时提出“礼观层”，其标准地点礼观位于南横公路的西段。指“在礼观一带的庐山阶板岩地层之下尚可划分出一个砂岩相地层，称为礼观层，并认为 *Lepidocyclina* 石灰岩可能是礼观层的基底砾岩，以不整合盖覆于始新世板岩地层之上”。

【沿革】 1980年何春荪沿用“礼观层”，本书更名为礼观组。

【现在定义】 主要由黑—黄灰色细—中粒砂岩组成，夹砂质页岩与砂岩的互层。底部具一层厚约3 m富含货币虫及有孔虫化石的含砾灰岩。其上与庐山组整合接触，其下与毕禄山组为不整合接触关系。

【层型】 剖面在礼观附近的公路及山坡上，可作正层型，层序如下（李锡堤，1977）。

上覆地层：**庐山组** 深灰色板岩与变质砂岩互层

——————— 整 合 ———————

礼观组	总厚度 900 m
5. 黄褐色中粒砂岩	300 m
4. 砂质页岩与黄灰色中—厚层砂岩互层	300 m
3. 灰黑色厚层状细砂岩夹黄褐色中粒砂岩	150 m
2. 灰黑色厚层状细砂岩	90 m
1. 灰黑色厚层细砂岩，底部为3 m厚之含砾灰岩	60 m

～～～～～～ 不 整 合 ～～～～～～

下伏地层：**毕禄山组** 深灰色板岩、千枚岩

【地质特征及区域变化】 礼观组底部的含砾灰岩中含甚多化石，曾被命名为 *Lepidocyclina* 灰岩，成为礼观组的标志层。灰岩内曾发现货币虫及有孔虫化石，故定其时代为渐新世。李锡堤（1977）认为这些化石（*Nummulites* 及 *Asterocyclina*）可能是外来移置的化石，且因礼观组的下部有 *Globigerinoides* 化石，所以他认为礼观组的时代属中新世早期的可能性较大。但是后一化石在渐新世晚期已经出现，所以礼观组的时代应为渐新世晚期至中新世早期（黄廷章，1980）。这是脊梁山脉带中唯一有渐新世地层出露的依据。

礼观组的分布不详，因为除南横公路外，其南北地区皆未经详细地质调查。

庐山组 N_1l (71-0031)

【创名及原始定义】 庐山组系沿袭张丽旭1962年命名的“庐山阶”。创名地位于南投县仁爱乡东的庐山温泉。“中新世的有孔虫最早被发现在该地出露的板岩和泥质团块的中间，这个化石地带出露在中央山脉能高越的西坡上，东西延展约有十四公里的宽度，张丽旭（1962及1963）称这个化石群为庐山阶”（何春荪，1986）。

【沿革】　由于"庐山阶"只是一个时代地层单位，纯粹由化石的内容来决定，而不是一个岩石地层单位。所以何春荪（1975）提出"庐山层"的岩石地层单位，用来概括张氏所谓"庐山阶"中以页岩和板岩为主的地层"代表所有分布在中央山脉的脊梁山脉带内中新世的硬页岩和板岩系"（何春荪，1986）。本书沿袭何氏的定义并更名为庐山组。

【现在定义】　庐山组主要由黑—深灰色泥质板岩、板岩及千枚岩与变质砂岩的互层组成，夹玄武质火山岩透镜体和零星的泥灰岩团块。其下与礼观组整合接触（李锡堤，1977），与毕禄山组为不整合接触（张丽旭，1972）。

【地质特征及区域变化】　本组分布区北起宜兰县的兰阳平原，向南沿中央山脉脊岭延伸，包括南投、嘉义、高雄、屏东，以及宜兰、花莲和台东等县市境内的高山地区，南北长约300 km，宽数公里到35 km，呈两头宽中间窄的形状。据何春荪（1986）称：在庐山组命名地点的庐山温泉一带，经张宝堂（1984）调查，庐山组可分上、中、下三段：下段称"春阳段"，以暗灰色板岩为主，偶夹薄层细粒变质砂岩或粉砂岩，局部出现厚层变质砂岩，在万大水库附近并夹数层薄透镜状玄武质火山岩，庐山组的主要化石 *Orbulina suturalis*，*Globigerinoides bisphericus* 等，大部分产于本岩段内，厚约350 m；中段称"鸢峰段"，由青灰色细粒变质砂岩和暗灰色砂质板岩组成，以砂岩为主，含有不规则石英脉，厚约700 m；上段称"昆阳段"主要由叶理发育完整且具有丝绢光泽的千枚岩组成，偶夹薄层或厚层变质砂岩，总厚度大于1 000 m，未见顶。此外，在少数交通方便的地区，不同学者曾进行一些较详细的调查，命名了不少与庐山组相当的地层名称。在宜兰县清水和土场地区吴永助（1976）也将庐山组划分为上、中、下三段，其上、下两段岩性较单调，均由暗灰色厚层板岩组成，局部夹薄层细粒变质砂岩，中段称"仁泽段"，厚400～800 m，以细粒变质砂岩为主，夹板岩，含有和庐山温泉地区类似的中新世有孔虫化石；在台湾南部荖浓溪、南横公路和屏东来义等地区，还命名有"樟山层"（詹新甫，1964）、"梅山层"（李锡堤，1977）、"义林层"（胡贤能等，1981）以及"潮州层"（六角兵吉，1934）等与庐山组相当的地层名称，它们的岩性和所含化石与命名地点的庐山组大致相当，厚度也都在1 000 m以上。但是，台湾东南部相当于庐山组的地层与命名地点的庐山组之特征有较大差别。这里的地层因含砂岩较多，李春生和张宝堂（1984）将其命名为"知本层"，并划分为六个岩段，总厚度达5 000 m以上，其中三个岩段由灰色和浅灰色细粒变质砂岩组成，偶夹灰黑色板岩，砂岩中含大量不规则石英脉，部分地区的变质砂岩已具有片理；另外三个岩段以板劈理极为发育的深灰—灰黑色泥质板岩、板岩或千枚岩为主，偶夹薄层砂岩。同时，胡贤能和詹新甫（1984）也把本区相当"知本层"的地层，依据轻变质页岩和变质砂岩的交替出现划分为七个岩段，他们认为这套巨厚地槽沉积物的形成和海底浊流有关，其中发现的很多沉积构造现象可证明其沉积环境是大陆坡的边缘部分。"知本层"虽曾发现有极少量中新世有孔虫化石碎片，但因其砂岩特别发育，与一般庐山组的岩性不同，所以有人怀疑该层局部可能属渐新世。

庐山组以富含有孔虫化石为特征，同时也产钙质超微化石。有孔虫化石主要有 *Praeorbulina glomerosa*，*Orbulina universa*，*Globigerina altispira globosa*，*Globigerina praebulloides*，*Globoquadrina venzuelana*，*G. dehiscens dehiscens*，*Globigerinoides sicanus*，*G. trilobus trilobus*，*G. quadrilobatus sacculifer*，*Orbulina universa universa* 等，它们的层位相当于标准化石带的N7～N8带，时代以中新世中期为主，部分为中新世早期；钙质超微化石主要有 *Helicosphaera ampliaperta*，*Sphenolithus heteromorphus*，*Cyclicargolithus floridanus*，*Sphenolithus belemnos*，*Catinaster coalitus*，*Discoaster exilis*，*D. kugleri* 等，据纪文荣（1978）研究，认为它们产出的

层位主要相当于标准钙质超微化石的NN3—NN5带，一小部分也可能属NN2带（?），时代为中新世早—中期。庐山组所含上述化石主要产在庐山温泉、清水和土场，以及台湾南部的荖浓溪和南横公路一带，其它大部分地区的庐山组目前尚缺少化石佐证。根据上述主要古生物研究，庐山组的时代应为中新世早—中期。

【问题讨论】 与庐山组相当但仅为局部性或非正式的地层名，如“樟山层”、“梅山层”、“义林层”、“知本层”等建议暂停使用。

庐山组的分布虽然相当广泛，但由于缺乏详细的调查资料，对其地层层序的划分与对比，以及确实的分布情形，尚有待进一步调查研究。

十八重溪组 $E_2\hat{s}$ （71-0010）

【创名及原始定义】 李春生1979年命名“十八重溪层”以代表雪山山脉带或玉山地块中最下部的始新世地层，标准地点在南投县东埔温泉北面陈有兰溪的一条支流十八重溪。“十八重溪层”主要由黑色板岩组成，偶与砂岩呈互层，伏于“达见层”之下，底部被地利断层所截，其顶部边界以板岩与上覆“达见砂岩”直接接触。

【沿革】 “十八重溪层”于1992年的《台湾省区域地质志》中更名为十八重溪组，本书沿用之。

【现在定义】 主要由黑—暗灰色板岩组成，并以夹薄层变质砂岩以及板岩和变质砂岩所组成的黑白相间的薄互层为特征，整合伏于达见组之下，未见底。变质砂岩为硅质，非常坚硬，呈中粒至细粒，浅灰色。

【地质特征及区域变化】 十八重溪组呈南北向的一长条岩带，北自日月潭开始，向南延长到玉山塔塔卡鞍部以南。本组的底部多半被断层所切，所以它的全部厚度无法得知。

十八重溪组是雪山山脉带中出露的最老地层。在望乡山以北的郡坑溪和十八重溪中的砂岩层内发现 *Assilina* 化石，同一地区也出现含有 *Nummulites* 的砾石，所以本组的时代被定为始新世早、中期。

达见组 E_2d （71-0011）

【创名及原始定义】 1977年陈肇夏命名“达见砂岩”，指伏于“佳阳层”之下的砂岩地层，上部为中—粗粒硅质砂岩夹页岩，中部为含砾石英粗砂岩，下部为细砂粉砂岩夹少量硅质页岩，时代属始新世。标准地点达见在台中县中横公路的谷关和梨山之间，层型剖面见于该公路上的光明桥和达见一带。

【沿革】 “达见砂岩”命名以来，一直沿用，但1992年编制《台湾省区域地质志》时更名为达见组，今沿用之。

【现在定义】 达见组主要由白色或浅灰色中至粗粒硅质砂岩组成，呈厚层块状，夹薄层至厚层板岩和变质页岩，页岩局部含碳质。整合于十八重溪组之上，其上与佳阳组也为整合接触。

【地质特征及区域变化】 达见组下部主要为细粒至粗粒石英岩、绿色绿泥石质砂岩、粉砂岩及少量板岩，厚650 m；中部为粗粒块状石英岩，交错层理发育，厚1300 m；上部为厚层中粒至粗粒硅质砂岩，夹有少量页岩或碳质页岩，厚750 m。本组下部的绿色砂岩是重要的标志层。

本组主要分布在雪山山脉带中部的大甲溪、西螺溪、北港溪、陈有兰溪及玉山主峰一带，南北长约115 km，宽2～5 km。

达见组内目前仅发现含双壳类 *Corbicula baronensis* 和腹足类 *Turritella* sp.，以及有孔虫

Nummulites sp.，*Discocyclina* sp. 等少量化石，时代暂定为始新世。

白冷组　$E_{2-3}b$　(71－0012)

【创名及原始定义】　1935年鸟居敬造在东势地质图幅说明书中首先提出“白冷层”，（据石崎和彦，1942）用以代表广布于台湾中部大甲溪流域谷关一带巨厚的白色砂岩层。白冷是大甲溪北岸谷关西面的一个村落。据石崎和彦（1942）称：“白冷层”“由石英砂岩、粘板岩和页岩组成。石英质砂岩特别发育。页岩及粘板岩呈黑色。位于乌石坑层之上部，与乌来统的四棱砂岩可以对比。”

【沿革】　“白冷层”自命名以来一直沿用，现更名为白冷组。

【现在定义】　主要为白色、灰白色细—粗粒石英砂岩，夹灰色致密砂岩与深灰色页岩或板岩的互层。与下伏的达见组和上覆的水长流组均为整合接触。

【层型】　何春荪和谭立平于1958年在南投县北港溪小岸附近测有白冷组剖面（林朝棨，1964），属选层型，其分层如下：

上覆地层：**乾沟组**　黑色泥质板岩和灰色泥质砂岩

——————　整　合　——————

白冷组	总厚度＞425.5 m
14. 白色中—厚层粗粒砂岩，偶夹薄层泥质板岩，具交错层理	22.0 m
13. 灰黑色泥质板岩，微含碳质	8.5 m
12. 灰黑色和暗棕色中厚层粗粒砂岩，夹薄层泥质板岩，砂岩局部含碳质	9.5 m
11. 白色厚层粗粒砂岩，夹黑色中—薄层泥质板岩，含铁质结核，具交错层理	114.0 m
10. 黑色碳质泥质板岩，夹薄煤线，中部夹厚约1 m的红色砂岩	2.0 m
9. 白色中—厚层粗粒砂岩与灰黑色含铁质结核的泥质板岩互层	40.0 m
8. 白色中—厚层粗粒砂岩，具交错层理	10.0 m
7. 白色粗粒砂岩与灰色泥质板岩互层	10.0 m
6. 白色中厚层粗粒砂岩，偶夹黑色薄层泥质板岩，具交错层理	25.5 m
5. 白色有时带灰红色的薄—中层细至粗粒砂岩与灰色含铁质结核、局部含碳质的泥质板岩互层	69.0 m
4. 白色中厚层粗粒砂岩，夹少量灰黑色泥质板岩，具交错层理	17.5 m
3. 白色中—厚层中粒至粗粒砂岩与灰色泥质板岩互层，微具粉红色	21.0 m
2. 白色中厚层粗粒砂岩，夹少量黑色泥质板岩，具交错层理	11.5 m
1. 白色薄—厚层细粒至粗粒砂岩与灰色泥质板岩互层，微具粉红色，其节理中有石英细脉贯入（未见底）	＞65.0 m

【地质特征及区域变化】　白冷组砂岩的层厚可从20～200 cm不等，也有呈块状的。砂岩具交错层，局部为砾状砂岩。页岩夹层在底部较多，含碳质或煤状透镜体，尤其在白冷组出露地带的西边最多。可见的煤层薄且没有连续性，煤质已经变质，稍具石墨质。厚度500～2 500 m左右。

本组分布在雪山山脉带中部的大甲溪流域，北面可以延伸到大安溪和后龙溪流域，南面穿过埔里盆地和日月潭一带，再向南可以延伸到南投县的陈有兰溪东侧上游的山地中。白冷组在时代和层位上相当于雪山山脉带东部的佳阳组和眉溪砂岩两个岩石地层，也相当于北部的西村组与四棱组。

白冷组缺少可供定年的化石，只是根据其上下层位，暂定其时代为渐新世或始新世—渐新世。

佳阳组　$E_{2-3}j$　（71－0013）

【创名及原始定义】　1977年陈肇夏命名“佳阳层”，标准地点位于台中县中横公路达见水坝和梨山之间。大体上由板岩组成，夹有不多的细砂岩和粉砂岩，厚2 500～5 000 m，时代属渐新世。其下为始新世“达见砂岩”，其上为渐新世“眉溪砂岩”。

【沿革】　“佳阳层”一直沿用，现更改为佳阳组。

【现在定义】　佳阳组主要由厚层板岩组成，夹少量细砂岩或粉砂岩，底部为黑色板岩与浅灰色细—中粒变质砂岩的互层。与上覆的眉溪砂岩和下伏的达见组均为整合接触。

【地质特征及区域变化】　佳阳组分布于达见和梨山之间，以及玉山、青山和浊水溪等地。佳阳组板岩的板劈理甚为发达，板岩中夹有少许燧石团块。所夹的砂岩由东向西递增；层厚数厘米至1.5 m。在标准地佳阳组厚达3 000 m，但西至中横公路和青山以西，厚仅1 400 m，且多具厚层至中层的砂岩夹层。

李春生（1979）曾将佳阳组的下部另命名为“玉山主峰层”，因为其中砂岩含量增多，而且该岩层构成玉山的主峰，以及东山、南山诸高山岭。

佳阳组在时代和层位上相当于雪山山脉带北部的西村组。

佳阳组中一般缺少化石。张丽旭曾在本组中发现*Globigerinoides*（?），时代为渐新世晚期。玉山附近的排云山庄和小南山附近，在相当“玉山主峰层”的岩层内曾发现*Assilina*化石，其时代应属始新世。故佳阳组的地质时代暂定为始新世—渐新世。

“玉山主峰层”相当于佳阳组的下部，应并入佳阳组，建议暂不使用“玉山主峰层”这个地层名称。

眉溪砂岩　E_3m　（71－0015）

【创名及原始定义】　眉溪砂岩是陈肇夏1976年调查埔里及雾社区地质时所创立的地层名称。“指雪山山脉中段由灰色细—粗粒，薄到厚层石英和长石砂岩组成的岩层。覆于OM板岩之上，厚700米”。标准地点眉溪位于埔里至雾社的公路上，在人止关附近有良好的剖面。

【沿革】　本书沿用陈氏的定义及名称。

【现在定义】　主要由层理良好的灰色细粒至粗粒坚硬砂岩和黑色页岩与砂岩的互层组成，夹薄层碳质页岩，顶部有一层厚1～5 m的泥质含砾砂岩，常夹有贝类化石。整合覆于佳阳组之上及整合伏于水长流组之下。眉溪砂岩顶部的泥质含砾砂岩是野外识别眉溪砂岩的重要标志。其砾石为米粒大小般的石英。

【地质特征及区域变化】　眉溪砂岩在雪山山脉带的东缘组成一条长达100 km以上的岩带，北端起自宜兰县兰阳溪的牛斗和土场一带，南延经过兰阳溪和大甲溪分水岭的思源垭口，进入大甲溪流域，再经过佳阳和雾社附近的人止关，直达秀姑峦山的西边。东以梨山断层与脊梁山脉带相接。西直接整合于佳阳组之上。眉溪砂岩在北部的兰溪厚约200 m，向南到大甲溪流域的梨山，厚约230 m，更南到大肚溪流域的人止关附近，厚度增加到600 m以上。

眉溪砂岩中缺少可以决定时代的化石佐证，所以其地质时代仍然不明，因为其层序上和延续情形上可以和四棱组相比，所以它的时代暂定为渐新世。

水长流组　$E_3\hat{s}\hat{c}$　（71－0017）

【创名及原始定义】　“水长流层”是前台北帝大地质系早坂一郎教授等于1936年在大安溪流域一带调查地层时所提出来的地层名称，标准地点水长流是南投县国姓乡东北的一个小村落。

据石崎和彦 1942 年描述，“水长流层沿水长流及水长流溪出露，由黑色页岩组成，夹有薄层暗灰色石英砂岩。黑色页岩常常含有形状不规则的泥灰质团块以及砂质棒状体。黑色页岩中产 *Schizaster*，*Pholadomya margaritacea* 化石。本层和下部的白冷层为断层接触，与上部的国姓层为整合或平行不整合接触。本层相当于白毛层的一部分，可与乌石坑层、埔里层、三貂角层（乌来统）对比”。

何春荪（1986）定义台湾中部整合位于“白冷层”或“四棱砂岩”之上的地层是“水长流层”，组成的岩层以黑色硬页岩和轻度变质的页岩为主。

【沿革】 本书基本沿袭何氏之定义，1992 年《台湾省区域地质志》更名“水长流层”为“水长流组”。

【现在定义】 指整合于白冷组之上，未见顶。由单调的暗灰色到黑色页岩构成，有时夹灰色细粒砂岩薄层。

【地质特征及区域变化】 标准地点的水长流组常含有海绿石或黄铁矿，海绿石含量局部可高达 50%。有时含植物碎片和暗红色的土铁石结核，也常为石英脉或方解石脉所切割。砂岩夹层厚 5～80 cm，有时可以超过 1 m。除了有砂岩夹层的地方，一般页岩的层面因岩性十分单调而不易确定，加上褶曲的原因，水长流组的确实厚度还无法决定，估计全部厚度超过 1 500 m。

水长流组仅分布于雪山山脉的中部，向北部逐渐过渡为干沟组和大桶山组，所以水长流组相当于这两组往南的相变产物。

水长流组中曾发现 *Globigerina ampliapertura* 和 *Gaudryina hayasakai* 化石，其时代应为渐新世晚期，和雪山山脉北部的大桶山组和干沟组相当。

西村组　$E_{2-3}x$　(71-0014)

【创名及原始定义】 大江二郎 1931 年命名的“西村层”，指台湾北部“乌来统绷绷群下边数第二层的地层，在四棱砂岩层（上）与中岭层（下）之间。在罗东郡蕃地西村附近很发育。该处层厚达 600 m，由黑色粘板岩质页岩或是砂岩和板状石英砂岩互层组成。……产有 *Schizaster* sp.。”（石崎和彦，1942）。

【沿革】 “西村层”在台湾一直被沿用。1992 年《台湾省区域地质志》将其更名为西村组。

【现在定义】 西村组是雪山山脉北部出露最老的地层，由叶理发育的深灰色板岩和千枚岩组成，夹暗灰色中粗粒坚硬的石英砂岩，这种夹层尤其常见于本组的较下部。它整合伏于渐新世四棱组之下。

【地质特征及区域变化】 西村组的主要露头形成一条狭带，构成一个背斜构造的轴部，从它标准地点北横公路的台中县和宜兰县交界附近的西村，向东北延伸到靠近宜兰平原的员山附近。在标准地点背斜中心部分出露的西村组，厚度可达 600 m，但是下部并没有完全出露。西村组在岩性和地层层位上可以和雪山山脉中部的佳阳组相当。

由于没有发现可资定年的化石，西村组的时代尚不能确定。因为认为它是整合在渐新世四棱组的下面，所以它的时代被推定为始新世至渐新世。

四棱组　E_3s　(71-0016)

【创名及原始定义】 1931 年大江二郎命名的“四棱砂岩层”，指台湾北部“乌来统”中的厚层硅质砂岩，其标准地点在北横公路上的四棱，属桃园县。据石崎和彦（1942）：“四棱砂岩层指在大溪郡蕃地四棱驻在所附近很发育的一套粗粒到细粒的黝黑色乃至灰白色硬质石英砂岩，其中夹有黑色硬质页岩或是粘板岩质砂岩的薄层，厚有500 m。属于白冷层的一部分。其下边是西村层，上边是萱原粘板岩层”。

【沿革】 “四棱砂岩”在台湾一直被沿用，1992年《台湾省区域地质志》将其更名为四棱组。

【现在定义】 是以厚层浅灰色到灰白色硅质砂岩或石英岩为特征，夹深灰色页岩或板岩及碳质页岩。与下伏的西村组及上覆的干沟组均为整合接触关系。

【地质特征及区域变化】 四棱组中的碳质页岩夹层部分可以变为煤或石墨质煤的透镜体。砂岩为中到粗粒，局部为含砾硅质砂岩。由于长石含量的增加，有时也有长石砂岩出现。砂岩中常见交错层和波痕。

四棱组主要出露在雪山山脉的北部，最北在北势溪、南势溪及大汉溪的河谷中，都有小规模的出露。在北宜公路和北横公路一带分布较广。另外在宜兰平原西侧山地的头城、礁溪和员山一带也有零星露头。雪山山脉的中部，四棱组就被白冷组取代，到了雪山山脉的东部，四棱组又被眉溪砂岩所取代。

四棱组砂岩中通常不含可鉴定的化石，只有其中的页岩曾有一些时代不能十分确定的贝类和有孔虫化石。目前根据层序上的推定，暂将四棱组划入渐新世早期。

干沟组　E_3g　(71-0018)

【创名及原始定义】 1932年市川雄一创立“干沟层”，属于他所定的“乌来统”，(何春荪，1986)。干沟是台北县石碇乡北势溪南侧的一个村落。“干沟层”之原始定义据石崎和彦(1942)描述是“由砂质页岩组成，砂质少的地方呈粘板岩化。产有*Schizaster taiwamus*?，*Cyclammina tani*等化石。层厚400 m。覆于四棱砂岩之上，上部与粗窟砂岩呈整合接触。干沟层可和萱原粘板岩的下部作对比”。

【沿革】 “干沟层”在台湾一直被沿用，本书更名为干沟组。

【现在定义】 指覆于四棱组之上，以灰—深灰色之页岩或砂质页岩为主，夹薄层中细粒砂岩和粉砂岩，局部变质成板岩。由下而上砂岩成分逐渐增加而过渡为大桶山组。

【地质特征及区域变化】 干沟组分布于雪山山脉的北部。它与大桶山组合起来可对比于雪山山脉中、南部的水长流组。

干沟组和其上的大桶山组有类似的有孔虫和钙质超微化石，表示两者的时代相同，都是渐新世，但略可分出先后顺序。干沟组中的砂岩成分由下而上逐渐增加，因而也就由干沟组变为大桶山组，但是这种变化是渐变的，没有明显的界线存在，完全是人为决定的，因此不同人在不同地层剖面中测算的厚度也就不同。厚度一般为600～1 200 m以上。

大桶山组　E_3d　(71-0019)

【创名及原始定义】 “大桶山层”是市川雄一1930年创立的(何春荪，1986)。大桶山位于台北县新店东南8 km。据石崎和彦(1942)转述，“大桶山层位于乌来统高冈群粗窟砂岩(下)和龟山层之间，以硬质黑色页岩为主，常夹有厚1 m左右的灰色至暗灰色砂岩。厚有600 m。产有*Pholadomya margaritacea*，*Schizaster*，*Cyclammina*等化石”。

【沿革】 “大桶山层”在台湾一直沿用，本文更名为大桶山组。

【现在定义】 指整合于澳底组之下和干沟组之上，以深灰色厚层页岩为主，夹灰色细砂岩与灰—深灰色页岩的互层，下部夹厚层砂岩的地层。

【地质特征及区域变化】 大桶山组的下部由暗灰色到黑色页岩和灰色细砂岩、泥质砂岩互层构成，夹厚层砂岩。页岩和砂岩彼此渐变，层厚通常在10～200 cm之间。大桶山组的上部由暗灰色页岩和砂质页岩夹少量砂岩或泥质粉砂岩的互层组成。大桶山组厚度估计在1 500 m左右。

大桶山组在许多地方含有玄武质火山碎屑岩及少量的玄武岩，通常呈透镜体或不规则体。其厚度从1米到数十米不等，大多沿层面出露于不同层位的页岩或板岩中，为沉积时的火山喷发活动的产物。

从东北海岸南延到台湾中部。在雪山山脉带的北部，大桶山组下部夹有厚层砂岩，厚200 m以上。这个砂岩曾被市川雄一（1932）命名为“粗窟砂岩层”，可作为大桶山组与其下干沟组分界的依据，可是该砂岩只见于大桶山组分布区的较北部，到了乌来以南，这个厚层砂岩就逐渐消失，大桶山组变为以页岩为主的地层，其中也夹有泥质砂岩。更南到了台湾中部，连泥质砂岩的夹层也逐渐减少，这时大桶山组和干沟组已经很难区分，所以就用水长流组来替代干沟组和大桶山组了。

在标准地点大桶山东北约30 km的鱼行曾发现很多有孔虫化石，时代上属渐新世。近年来微体古生物的研究也证实大桶山组是渐新世的说法。

澳底组　E_3N_1a　(71－0024)

【创名及原始定义】　颜沧波和陈培源1953年将“乌来统”最上部所谓之“下部夹碳层”命名为“澳底煤系”，下部为灰色致密砂岩与灰色或灰黑色页岩互层，上部以粗粒乃至中粒之白砂岩为主，间夹页岩薄层（林朝棨，1960）。

【沿革】　1953年末，命名者将“澳底煤系”改名为“澳底层”，其下部称为“妈岗段”，上部称为“枋脚段”。“澳底层”与下伏“龟山层”为整合，与上覆“五指山层”以断层接触。

在更早的文献中，整合在“大桶山层”之上还有两个地层：“龟山层”和“屈尺层”。这两个地层的定义都含糊不清，因而导致许多地层上的误解，因此已失去它们原来的意义。故改用颜陈二氏提出来的“澳底层”来代替雪山山脉带中“乌来统”的最上部地层。

澳底是台北县东约47 km海边上的一个渔村。这个地层名称事实上也是很不恰当的，因为出露在标准地点澳底的岩层大部为“大桶山层”，真正的“澳底层”则出露在它的东南方贡寮和福隆海水浴场附近，所以有人建议要改用“福隆层”或“贡寮层”。然而“澳底层”在台湾的使用已经有相当长的历史，而且为大部分人所习惯，所以一直被沿用下来。1992年编制的《台湾省区域地质志》更名为澳底组。

【现在定义】　澳底组下部为灰—深灰色页岩和灰或黄棕色细—中粒砂岩互层组成；上部为灰色厚层块状砂岩和深灰色页岩，夹不具开采价值的煤层和碳质页岩。岩层具轻微变质，整合覆于大桶山组之上和伏于苏乐组之下。

【层型】　1960（?）年吕学俊、高说文在台北县双溪乡料角坑地区测有澳底组下部剖面（林朝棨，1960），可作为选层型，分层如下：

上覆地层：**澳底组上部**　灰色细粒砂岩和灰色页岩互层

———————— **整　合** ————————

澳底组下部（“妈岗段”）	总厚度 368.0 m
9. 砂岩和页岩互层	23.0 m
8. 黄棕色细砂岩	41.0 m
7. 灰色细砂岩和灰色、深灰色页岩互层	113.0 m
6. 薄层砂岩和页岩互层	25.0 m
5. 页岩夹薄层砂岩	13.0 m

4. 黄棕色细砂岩 6.0 m

3. 巨厚层页岩夹中厚层砂岩 50.0 m

2. 板状富于节理之砂岩夹两层黄棕色页岩 50.0 m

1. 页岩夹深灰色薄层砂岩 47.0 m

———— 整　合 ————

下伏地层：**水长流组** 深灰色页岩

1960（?）年吕学俊、高说文在台北县双溪乡后寮子地区测有澳底组上部剖面（林朝棨，1960），可作选层型，分层如下：

澳底组上部（“枋脚段”） 总厚度 385.9 m

24. 页岩夹灰色细粒砂岩 8.0 m

23. 煤和碳质页岩 1.0 m

22. 灰色厚层细砂岩和灰色中厚层页岩互层 49.0 m

21. 灰白色中粒长石砂岩 20.0 m

20. 深灰色页岩夹薄层砂岩 20.0 m

19. 黄棕色细砂岩 7.0 m

18. 砂岩和页岩互层 4.0 m

17. 黄棕色细砂岩夹中粒或粗粒长石砂岩 14.0 m

16. 深灰色页岩和砂岩互层 8.0 m

15. 煤层 0.4 m

14. 灰色页岩 2.0 m

13. 灰色细砂岩 1.0 m

12. 页岩夹硅质砂岩和长石砂岩 41.0 m

11. 页岩和薄—厚层砂岩互层 13.0 m

10. 黄棕色细砂岩 5.0 m

9. 深灰色页岩 14.0 m

8. 灰色或黄棕色细砂岩夹中粒长石砂岩 15.0 m

7. 煤和碳质页岩 0.5 m

6. 黄棕色页岩 75.0 m

5. 细粒砂岩和灰色页岩互层 12.0 m

4. 黄棕色页岩 13.0 m

3. 中厚层细砂岩和灰色或棕色页岩互层 35.0 m

2. 灰色细砂岩夹页岩 10.0 m

1. 灰色细砂岩和灰色页岩互层 18.0 m

———— 整　合 ————

下伏地层：**澳底组下部** 砂岩和页岩互层

【地质特征及区域变化】 澳底组的下部相当于颜沧波和陈培源（1953）所命名的“妈岗段”，厚约 370 m，主要由灰—深灰色页岩和灰色有时为黄棕色细—中粒砂岩的互层组成，互层厚从数厘米到数米不等，岩层只受到极轻微的变质作用。其页岩有时呈千枚岩状外观，砂岩以石英质为主，部分为长石质，块状，致密坚硬，层厚自几米至 10 m 以上，偶夹深灰色页岩或薄层千枚状页岩，若干地点还夹有铁质结核，具波痕。

澳底组的上部相当于颜沧波和陈培源（1953）命名的“枋脚段”，厚约385 m，主要由灰色厚层块状砂岩和灰—深灰色页岩组成，夹煤层和碳质页岩。砂岩、粉砂岩、页岩常呈薄互层产出，砂岩每层厚约0.2 cm～2 m以上，非常致密，节理发育，具不太清晰的带状构造，上部的砂岩为长石质，微具高岭土化。本层含煤两层，层厚20 cm以下，煤层不稳定，不具开采价值。

本组大部分布在雪山山脉东北部的台北、桃园、新竹和宜兰等县市境内，有两条主要分布带，其一在福隆—乌来之间，长约55 km，宽约5 km，其二在大汉溪上游的高岗、巴陵和秀峦一带，长约40 km，平均宽约1 km，它们构成两条NE走向的向斜构造；此外零星分布在新店和顶双溪等地。

澳底组下部含少量渐新世到中新世早期的有孔虫化石 *Gaudryina hayasakai*，*Nonionella kankouensis*，*Globigerina praebulloides*，*Miliolinella labiosa*，*Quinqueloculina* sp. 等，因为澳底组整合覆于渐新世水长流组之上，又整合伏于中新世早—中期的苏乐组之下，故澳底组的时代应为渐新世晚期—中新世早期。

苏乐组　N_1s　(71-0032)

【创名及原始定义】　何春荪1986年首先命名“苏乐层”，用以代表在雪山山脉带中整合位于“澳底层”之上的中新世地层。苏乐村位于桃园县南约35 km处。“苏乐层”的底部由硬页岩（夹砂岩）或板岩组成。其上为厚层砂岩及砂岩、页岩互层，含零星煤线。中部为厚层砂岩及页岩，富含生物化石碎片。上部为厚层砂岩，偶夹薄层砂岩和页岩互层。

【沿革】　“苏乐层”在台湾沿用至今，《台湾省区域地质志》（1992）更名为苏乐组。

【现在定义】　苏乐组是雪山山脉北部第三系的最上部地层。由板岩、页岩、砂岩及砂、页岩互层组成，含煤线。整合覆于澳底组之上。

【层型】　在苏乐村一带，苏乐组自上而下可分六层：

6. 青灰色厚层砂岩，偶夹薄层砂岩与页岩的互层，总厚度约200 m，砂岩层理明显，具波痕、交错层等沉积构造和生物痕迹
5. 具极轻微变质的页岩，厚约120 m，层理不显，富含生物碎片
4. 灰—青灰色厚层细—中粒砂岩，厚约200 m，局部为泥质砂岩，层理不显
3. 灰色细砂岩和页岩互层，薄层至中层，上部含零星煤线，总厚约100 m，具波状层理、平行纹理等沉积构造和生物痕迹
2. 灰—浅灰色厚层细—中粒砂岩，局部和页岩呈互层，总厚约120 m，具波痕、交错层等沉积构造和生物痕迹
1. 灰—深灰色板岩，偶夹灰色薄层泥质细砂岩，局部含棕色不规则状褐铁矿结核，总厚度约250 m，其中部出现有厚约50 m，偶夹少量薄层页岩的厚层砂岩，并具交错层和纹理等沉积构造

【地质特征及区域变化】　苏乐组主要分布在桃园县境内大汉溪和头前溪上游的三光—秀峦一带，长约40 km，中间最宽部分约6 km。本组厚度在1 000 m以上。

苏乐组以含钙质超微化石、有孔虫化石为主。钙质超微化石包括：*Helicosphaera ampliaperta*，*Discoaster deflandrei*，*Sphenolithus heteromorphus*，*S. heteroensis*，*Coccolithus miopelagicus*，*C. pelagicus*，*Cyclicargolithus floridanus*，*Helicosphaera kamptner* 等；有孔虫包括浮游有孔虫化石 *Globigerinoides sicanus*，*G. quadrilobatus sacculiger*，*G. trilobus trilobus*，*Globoro-*

talia peripheroronda, *G. siakensis*, *Globigerina venezueland*, *Globoquadrina dehiscens*, *Sphaeroidinellopsis seminullia*, *Praeorbulina circularis*, 以及底栖有孔虫化石 *Karrerriella shangtaoensis*, *Gaudryina pseudohayasakai*, *Gaudryina kokuseiensis* 等。其钙质超微化石根据黄廷章(1980)研究认为大致和NN4化石带相当，有孔虫化石根据张丽旭(1973)研究，认为大致属N8化石带，一部分可能属N7化石带，何春荪(1986)认为苏乐组中虽缺少相当N5—N6化石带，但并不能说明没有这些地层存在，据此，将苏乐组的时代置中新世早—中期。

长乐组　$N_1\hat{c}$　(71-0045)

【创名及原始定义】　詹新甫1974年调查恒春半岛地质时命名的“长乐层”，岩性以深灰色页岩为主，夹薄层砂岩。标准地点长乐位于恒春到九棚的公路上，但是最好的剖面见于四重溪流域石门以东的山地。

【沿革】　最早在恒春半岛调查地质的日人六角兵吉和牧山鹤彦(1934)将本区出露的中新世地层命名为“恒春层”。黄奇瑜(1984)则把中新世地层分成三个单位，分别名为“石门层”、“里龙山层”及“乐水层”。培利提尔等(1986)则把中新世地层命名为“四重溪层”，包括“垦丁混杂岩”在内(宋国城，1990)。何春荪(1986)采用詹新甫的命名，但在地层的岩性和分布方面根据新的资料加以修订。

本书将“长乐层”更名为长乐组。

【现在定义】　指整合伏于乐水组之下，以砂岩和页岩为主。下部为灰黑色页岩与粉砂岩，夹薄层砂岩；上部为砂岩与页岩互层，含大量基性、超基性及酸性火成岩块或呈层状无序的崩移岩块。

【地质特征】　培利提尔等(1986)将本组分为上下两部，下部以灰黑色页岩与粉砂岩为主，夹有数厘米至数十厘米厚的薄层砂岩，出现有厚近100 m的槽状充填砂岩。上部主要由页岩与砂岩的互层组成，含有大量的基性、超基性以及酸性火成岩物质，其种类有玄武岩、辉绿岩、辉长岩、角闪岩、角斑岩及斜长花岗岩等，其产状或呈厚层槽状砾岩，或呈崩移岩块，或组成绿色砂岩互层。这些外来岩块代表海洋地壳中的蛇绿岩系，可能和海岸山脉中的利吉组蛇绿岩系相似，而属同一来源，皆来自南海的海洋地壳。

长乐组含有孔虫化石 *Sphaeroidinellopsis subdehiscens*/*Globorotalia menardii menardii* 带，相当于有孔虫化石年代N10至N15，或超微化石年代NN5到NN8—9，时代属中新世中期。

【问题讨论】　长乐组与分布在恒春半岛北部的庐山组的关系没有确定。早期曾解释为被一个走向NW的断层所分隔，后来的研究又认为两者间并无断层相隔，只不过是北部略受轻微变质的中新世地层向南渐变为未受变质的中新世地层而已(詹新甫，1974)。最近的报告(宋国城，1990)又指出长乐组底部以一受生物强烈扰动的砂岩或薄层砂、页岩互层与“潮州层”(即庐山组)整合接触。总之，长乐组与庐山组的确切关系还有待深入研究。

长乐组上部大量外来的蛇绿岩系物质组成与垦丁组相似，二者似乎可以对比。但是它们在两方面是不同的，首先，长乐组之时代属中新世中期，而垦丁组的时代是上新世晚期或更晚。其次，长乐组的蛇绿岩块是夹杂在层状有序的砂页岩中，或与沉积崩移岩层共生，总体呈现沉积混杂岩特征，而垦丁组的外来岩块是夹杂在块状无序的泥质到粉砂质沉积物中，泥质沉积物有受强烈剪切运动的痕迹，总体呈沉积-构造混杂岩特征。

乐水组　$N_1l\hat{s}$　(71-0044)

【创名及原始定义】　詹新甫1974年命名“乐水层”，由白色或灰色砂岩、深灰色页岩及少量砾岩组成，连续沉积于“长乐层”之上，厚约 2 000 m。标准地点为恒春以东约 16 km 的佳乐水。

【沿革】 宋国城（1990）将“乐水层”划属“长乐层”的上部砂岩段，由于“乐水层”的标准出露地点的地名已被改成佳洛水，所以宋氏又命名为“佳洛水砂岩段”。

本书仍依詹氏的划分与命名，并更名为乐水组。

【现在定义】 主要由灰色砂岩、深灰色页岩以及砂岩与页岩的互层组成，整合覆于长乐组之上。

【地质特征及区域变化】 乐水组砂岩包含厚层平行纹理砂岩，以及符合鲍玛层序沉积构造的典型浊流砂岩或砂页岩互层，层间并夹有数层沉积崩移的岩层。砂岩的厚度有往上减薄的趋势，相对地页岩向上逐渐增厚。

乐水组分别出露在恒春半岛东西两侧的海岸附近。西侧出露在里龙山及蚊罩山一带，位于枫港至车城海岸以东的山地，由厚层砂岩夹粉砂岩或页岩组成，厚约 2 000 m。在更向西靠近海岸地区，本组的上部含有槽状下切所成的砾岩透镜体，其砾石由砂岩、玄武岩、辉绿岩以及辉长岩组成。在四重溪河流以南地区，本组内的砂岩逐渐为页岩和粉砂岩所代替，并含有数层砂岩所成的槽状体夹层。

乐水组的时代可能为中新世晚期。

垦丁组 N_2Qp_1k （71－0065）

【创名及原始定义】 1974 年詹新甫提出“垦丁层”一名，指由泥岩、页岩及砂岩、页岩薄互层构成，含有多种岩石之巨块。各类岩石之比例随地而异，各岩块无固定层位，且彼此不相连续。其岩类有砾岩、集块岩与砂岩等。各地之岩性不尽相同，厚度各异，能见部分厚约 2 000 m，时代为中新世。詹氏认为“垦丁层”是一倾泻层，由重力作用将外界岩块急速输入沉积槽内而成，与下伏地层以断层接触。“垦丁层”之标准地点就在恒春半岛的垦丁公园。

【沿革】 “垦丁层”被提出后一直被沿用，但它的定义、分布范围以及所代表的地质意义不断地被修正。主要是排除詹氏的“垦丁层”中的正常层序地层，将基质不具层理，或者层理零乱，普遍受过剪切作用，混杂着大小不一之浊流岩块与外来岩块的地层划为“垦丁层”。

本书综合近年来的研究成果，并将“垦丁层”更名为垦丁组。

【现在定义】 垦丁组由成层性极差的深灰色泥岩、粉砂岩，夹杂许多大小不等、成分复杂的外来岩块组成。垦丁组与上、下地层均为断层接触关系。

【地质特征及区域变化】 垦丁组中的外来岩块，大小悬殊，直径可自数厘米到 1 km 左右，成分复杂，有粉砂岩、砂岩、粉砂岩与砂岩的互层、砾岩、枕状熔岩、火山角砾岩及橄榄岩，其中以粉砂岩及砂岩所成岩块的数量最多，常具有标准的浊流岩构造。砾岩的砾石种类也很多，主要有玄武岩、辉绿岩、辉长岩、花岗岩、砂岩、绿片岩和角斑岩等。厚度大于 1 000 m。

垦丁组主要出露在恒春半岛西侧，恒春断层以东，大梅溪断层以西的低矮坡地上，其海拔高度不超过 200 m。

垦丁组所含化石大部为中新世晚期的，并有自渐新世—中新世各时期的再沉积化石。有孔虫化石主要有：*Globigerinoides trilobus*，*Globigerina nepenthes*，*Sphaeroidinellopsis seminulina kochi*，*Globoquadrina altispira*，*Orbulina universa*，*Orbulina suturalis* 等；钙质超微化石主要有：*Discoaster quinqueramus*，*Sphenolithus abies*，*Discoaster neohamatus*，*Catinaster calyculus*

等。在恒春镇以南的第一公墓、镇南宫和台电E－2井岩芯中，除发现大量（占95%）中新世再沉积化石外，还发现少量（占5%）上新世晚期和更新世早期的有孔虫化石，后者主要有：*Globorotalia truncatulinoides*，*Globorotalia tumida tumida*，*Globorotalia crassaformis*，*Sphaeroidinella dehisensis* 等。黄廷章等（1983）在恒春镇东侧第一公墓附近垦丁组的一个外来沉积岩块中，发现晚上新世的钙质超微化石和有孔虫化石，钙质超微化石主要有：*Pseudoemiliania lacunosa*，*Gephyrocapsa* spp.，*Reticulofenestra minutula*，*Discoaster pentaradiatus* 等，说明垦丁组形成于上新世晚期—更新世早期。

马鞍山组　N_2Qp_1m　（71－0066）

【创名及原始定义】　石崎和彦1942年首先根据化石的研究，命名恒春之南马鞍山附近的青灰色泥岩为“马鞍山层”。岩性和“四沟层”大致相同，即由胶结疏松的粉砂岩、页岩、细粒砂岩和砾岩凸镜体组成，呈青灰色，层理不显。并认为“马鞍山层”不整合伏于“恒春石灰岩”之下。

【沿革】　“马鞍山层”在台湾一直被沿用，本书综合何春荪（1986）、宋国城（1990）和陈文山（1990）的资料并更名为马鞍山组。

【现在定义】　马鞍山组不整合位于恒春石灰岩之下，与垦丁组断层接触。由细砂岩、泥岩和页岩互层组成。

【地质特征及区域变化】　马鞍山组含大量NN15到NN19之间的钙质超微化石，时代属上新世晚期到更新世早期。

马鞍山组在恒春半岛上出露的面积很小，只分布在恒春到垦丁间公路的两侧。

五指山组　E_3w　（71－0020）

【创名及原始定义】　五指山组系沿袭颜沧波和陈培源于1953年所命名的“五指山层”，命名地点位于基隆市和台北市交界处的五指山，指伏于“木山层”之下的黑色页岩，夹黑色硅质砂岩，厚300余米，为“汐止群”的一部分，其时代属中新世。（林朝棨，1960）。

【沿革】　“五指山层”自1953年命名以来，沿用至今，但“五指山层”在基隆—台北新店—桃园一线之两侧，其岩性有显著的差异，其北以砂岩为主称“大武仑相”或“五指山相”，其南以页岩为主，称“青潭相”（有人曾将其命名为“青潭层”）。1986年何春荪将砂岩为主的“大武仑相”称“五指山层”，以页岩为主的“青潭相”称“蚊子坑层”。

【现在定义】　五指山组主要由白—灰白色厚层块状细—粗粒砂岩、夹深灰色页岩和砂、页岩互层组成，含少量碳质或薄煤层，其上为野柳群木山组整合覆盖，其下为断层所切，出露不全。

【层型】　1968年张锡龄在台北—基隆间的五指山测有大武仑剖面，可作为选层型，其分层如下：

上覆地层：**野柳群木山组**　深灰色页岩夹薄层粉砂岩

——————　整　合　——————

五指山组	总厚度1 188.0 m
28. 白色中—粗粒石英砂岩	58.0 m
27. 灰白色细—中粒砂岩与深色页岩互层	112.0 m
26. 黄棕色细砂岩	4.0 m
25. 深灰色页岩	239.5 m
24. 灰白色中—粗粒砂岩	29.0 m

23. 灰白色中粒砂岩与深灰色页岩互层	37.0 m
22. 深灰色中—粗粒砂岩	4.0 m
21. 灰白色中粒砂岩与深灰色页岩互层	62.5 m
20. 浅黄色细—中粒砂岩	5.5 m
19. 浅黄色中粒砂岩与深灰色页岩互层	23.5 m
18. 灰黄色中粒砂岩	19.0 m
17. 浅黄色中粒砂岩与深灰色页岩互层	25.0 m
16. 棕黄色细—中粒砂岩	14.0 m
15. 深灰色页岩夹棕灰色纹层状细砂岩	126.0 m
14. 灰白色粗粒砂岩	10.5 m
13. 深灰色页岩	9.0 m
12. 灰白色中粒砂岩	23.0 m
11. 深灰色页岩	12.0 m
10. 黄棕色中粒砂岩	17.0 m
9. 深灰色页岩	16.0 m
8. 灰白色中粒砂岩	6.0 m
7. 深灰色页岩	24.5 m
6. 浅灰色细砂岩，中部夹碳质页岩	10.0 m
5. 深灰色页岩	21.0 m
4. 黄白色粗砂岩	88.0 m
3. 灰白色细砂岩与深灰色页岩互层	51.0 m
2. 灰白色粗砂岩	54.0 m
1. 黄色细砂岩与深灰色页岩互层	87.0 m

══════ 断　层 ══════

未见底

【地质特征及区域变化】 五指山组主要分布于台湾北部基隆—台北新店—桃园一线的北侧地区。以中粒砂岩为主，夹页岩及细砂岩，含薄煤层，沉积环境以陆相和海陆交互相为主，向南、向东砂岩逐渐减少，泥质含量增多，以致在基隆—桃园一线以南地区相变为以页岩为主的浅海相的蚊子坑组。

五指山组砂岩夹页岩中产钙质超微化石 *Sphenolithus ciperoensis*，*Zygrhablithus bijugatus*，*Dictyococcites bisectus*，*Triquetrorhabdulus carinatus*；有孔虫 *Globigerina ciperoensis*，*G. angulisuturalis*，*G. praebulloides*，*Globorotalia opima*，*Globigerinoides primordius* 及 *Gaudryina hayasakai* 等。大致可与马丁尼（1971）之 NP24—NP25 化石带或卜劳（1969）之 P21—N4 化石带对比，其时代为渐新世晚期。

蚊子坑组　E_3wz　（71-0021）

【创名及原始定义】 “蚊子坑层”系詹新甫于 1982 年所创。命名地点位于台北县东北海岸鼻头角至澳底间的蚊子坑。指整合伏于木山组之下的深灰色硬页岩、页岩为主，夹灰色泥质砂岩、粉砂岩，含有孔虫、海胆及贝类化石的地层。

【沿革】 1930 年市川雄一曾把相当“五指山层”页岩相的地层命名为“青潭层”，但青潭所见之“青潭层”无完整剖面，均为断层所切。1981 年詹新甫将出露完整、有良好剖面、分布于蚊子坑的这套以页岩为主，夹砂岩的地层命名为“蚊子坑层”。1986 年何春荪编制台湾省地质图时沿用之。现将其更名为蚊子坑组。

【现在定义】 整合伏于木山组之下，以深灰色及黑色巨厚层页岩为主，夹灰色泥质砂岩及粉砂岩，含钙质超微、有孔虫、贝类等化石。

【地质特征及区域变化】 蚊子坑组以深灰色、黑色巨厚层状泥质板岩（硬页岩）和页岩为主，夹灰色泥质砂岩、粉砂岩，总厚达 1 130 m。上部由厚层泥质板岩（硬页岩）和泥质砂岩组成。厚约 430 m。下部为深灰色、黑色巨厚层泥质板岩（硬页岩）夹少量薄层泥质砂岩、粉砂岩，多含泥质结核，厚约 700 m。底部为断层所切。

蚊子坑组中含有孔虫、海胆及贝类化石。常见保存良好的 *Amssiopecten kankoensis* 化石密集带。产钙质超微化石 *Sphenolithus ciperoensis*，*Zygrhablithus bijugatus*，*Dictyococcites bisectus*，*Triquetrorhabdulus carinatus*；浮游有孔虫 *Globorotalia opima*，*Globigerinoides primordius*，*Globigerina ciperoensis*；底栖有孔虫 *Gaudryina hayasakai* 等。其时代为渐新世。

蚊子坑组于台北县东北海岸的鼻头角、澳底一带，向西（西南）至新店的青潭，再向西南至复兴的角板山等地断续分布，于鼻头角附近厚达 1 130 m，往西至角板山厚仅 400～500 m。其上部为深灰色页岩夹少量泥质砂岩；下部则为灰白色砂岩与黑灰色页岩的互层。

【其它或问题讨论】 蚊子坑组与五指山组为同期异相的产物。后者以砂岩为主，而向东南渐变为以页岩为主的蚊子坑组。

早先提出的“青潭层”，由于该地出露不全，无实测剖面，不宜采用。1983 年黄奇瑜等人曾提出“和美层”。但蚊子坑与和美为同一地点的两个不同地名。按命名优先原则而应采用蚊子坑组。因而建议停用“青潭层”与“和美层”。

粗坑组 E_3c (71－0022)

【创名及原始定义】 “粗坑层”系 1956 年何春荪所命名。命名地点在南投县中寮的粗坑。指台湾中部（台中、南投等县）出露最老的第三纪地层。由深灰色页岩、灰白色砂岩和凝灰质沉积岩混合组成，地表出露厚约 250 m，并将其与台湾北部的“大寮层“对比，时代置于中新世。

【沿革】 1986 年何春荪在编制《台湾地质概论 台湾地质图说明书》时沿用此岩石地层单位名称。但其层位与五指山组及蚊子坑组对比，时代置于渐新世。本书将“粗坑层”更名为粗坑组。

【现在定义】 粗坑组整合伏于大坑组之下，由深灰色页岩、灰白色砂岩及凝灰质砂页岩互层组成，夹凝灰岩透镜体，富含海绿石。

【地质特征及区域变化】 粗坑组包括地表出露和地下钻井所遇的岩层在内，全厚约 1 222 m。上部为浅灰色细—中粒砂岩，富含海绿石。下部为浅灰色至灰白色钙质细砂岩，夹灰黑色页岩。

粗坑组分布于台湾中部之台中县及南投县等地，与五指山组层位相当，但岩性有所差异，且与雪山山脉之水长流组及大桶山组的时代可能相当，但岩性却不相同，粗坑组以砂岩为主，富含凝灰质，且未受变质，而水长流组以页岩为主，不含凝灰质岩层，且已受轻微变质，两者分属于不同地层区。

早期曾在粗坑组的上部发现 *Discocyclina* sp. 化石，属始新世，其后在钙质超微化石的研究中发现有代表中生代（白垩纪晚期）、古新世、始新世及渐新世等四个不同时代的化石集合在一起，但以渐新世晚期化石为主，不少学者认为除渐新世晚期化石（*Sphenolithus ciperoensis*）外，余者皆为由老地层冲刷到粗坑组内的次生移置化石，不足以作为决定时代的证据，认为粗坑组的沉积时代应以渐新世晚期为宜。

野柳群　E_3N_1Y　（71－0025）

【创名及原始定义】　野柳群为何春荪于1975年所创，“野柳是位于基隆市西北约8公里海边的一个著名观光胜地，是台湾西部中新统的第一个沉积旋回地层，包括五指山层，木山层和大寮层，前两者为含煤地层，最上面的大寮层属海相地层”。

【沿革】　1986年何春荪在编制《台湾地质概论　台湾地质图说明书》第二版时，将“五指山层”划属渐新统，野柳群仅包括“木山层”和“大寮层”，前者为滨海相的含煤地层，后者为浅海相地层。

【现在定义】　野柳群是台湾西部上第三系中新统的第一个沉积旋回，是三套含煤地层中最下部的含煤层位，其上下分别与瑞芳群及五指山组呈整合接触关系，主要由砂岩和页岩组成，夹煤层和火山岩层，富含化石，厚750～1 250 m，包括下部的木山组和上部的大寮组。

【区域变化】　主要分布于台北、桃园、新竹、苗栗和台中等县市境内的山麓丘陵地带，至南投县西螺溪以南就未见出露。

木山组　E_3N_1m　（71－0026）

【创名及原始定义】　木山组沿袭颜沧波和陈培源于1953年命名的“木山层”，命名地点位于基隆市郊西北侧的外木山村，据台北县志载（林朝棨，1960），“木山层”为“大寮层”与“公馆层”下伏之含煤层，主要为白色、浅灰色中—粗粒砂岩及暗灰色细—中粒砂岩与页岩的薄互层，夹3～4层煤，厚约300～600 m，时代为中新世，何春荪于1986年编制台湾地质图说明书时将其时代置于渐新世至中新世。

【沿革】　市川雄一曾于1929年称其为“下部夹炭层”，并曾有“木山炭系”或“外木山炭系”之称，1953年颜沧波等将其命名为“木山层”，随后沿用至今。1992年《台湾省区域地质志》中更名为木山组。

【现在定义】　木山组指分布于台湾北部新第三纪的第一个旋回沉积，由灰白色砂岩、深灰色砂页岩互层组成的含煤地层，其上下分别与大寮组和五指山组或蚊子坑组呈整合接触关系。尤其与下伏的五指山组或蚊子坑组呈渐变过渡关系。

【层型】　周瑞燉于1962年测制了基隆市附近的大武仑剖面可作选层型，木山组分层如下：

上覆地层：**野柳群大寮组**　深灰色页岩

——————　整　合　——————

木山组	总厚度 595.5 m
18. 浅黄色中粒砂岩	8.5 m
17. 浅黄色细—中粒砂岩与深灰色页岩互层	20.0 m
16. 浅黄色中粒砂岩	3.0 m
15. 浅黄色细—中粒砂岩与深灰色页岩互层	27.0 m
14. 煤层	0.2 m
13. 浅黄色细—中粒砂岩与深灰色页岩互层	94.0 m
12. 深灰色页岩	30.0 m
11. 浅黄色细—中粒砂岩与深灰色页岩互层	5.0 m
10. 深灰色页岩	7.0 m
9. 浅黄色细—中粒砂岩与深灰色页岩互层	66.0 m

8. 黄白色中粗粒砂岩	19.0 m
7. 碳质页岩	0.3 m
6. 灰白色中—粗粒砂岩	39.5 m
5. 灰白色细—中粒砂岩与深灰色页岩互层	25.0 m
4. 灰白色细—中粒砂岩	13.0 m
3. 灰白色细—中粒砂岩与深灰色页岩互层	181.0 m
2. 灰白色中粒砂岩	10.0 m
1. 深灰色页岩夹深灰色薄层粉砂岩	47.0 m

———— 整　合 ————

下伏地层：**五指山组**　白色中—粗粒石英砂岩

【地质特征及区域变化】　木山组在台湾北部的大部分地区，其上部以中粗粒砂岩为主，夹薄层砂、页岩互层及煤层，中部以薄层砂岩和砂质页岩为特征，下部常为薄层砂岩与页岩的互层，其岩性与下伏的五指山组相似。周瑞燉主张以一层灰白色石英粗砂岩作为五指山组与木山组分界的上限。

在木山组出露的许多煤田内常见有透镜状或不规则状的玄武质凝灰岩及少量熔岩，这些火山岩曾被称为“公馆火山岩”。

木山组中发现有浮游有孔虫*Globigerina ciperoensis*,*G. praebulloides*,*Globigerinoides primordius* 及底栖有孔虫 *Gaudryina hayasakai* 等，可与卜劳（1969）之N4化石带相对比，其地质时代为渐新世晚期—中新世早期。

木山组仅分布于台湾的北部，自基隆向南沿山麓丘陵带延伸到苗栗的北部，长约120 km，木山组在不同地区的厚度变化在450～700 m之间，往南厚度增大，砂岩粒度变细而从滨海相的含煤地层过渡为浅海相的地层。在台湾的最北部木山组有三层可采煤层，层厚数厘米到60 cm，台湾北部的其它地方，则有1～2层煤可采，层厚约20～40 cm，在桃园和新竹县境内，仅有一层厚约10～30 cm的劣煤层，无开采价值。

【其它】　本组于1929年日人市川雄一曾称“下部夹炭系”，矿业界、地质界曾有“木山炭系”或“外木山炭系”之称，但其名称均不符合岩石地层命名原则而应停用。

大寮组　N_1d　（71-0028）

【创名及原始定义】　大寮组沿袭日人市川雄一于1930年所创之“大寮层”，命名地点位于台北县西南约12 km的三峡镇大寮村。“大寮层位于台北统基隆群公馆凝灰岩层和中部含煤层之间，以厚约2 cm内外的页岩与砂岩的互层为主，含厚约2～5 m的砂岩和页岩数层，上部以青灰色致密坚硬砂岩为主，下部以黑灰色页岩为主，最上层为钙质砂岩，称 *Ditrupa* 带”（林朝棨，1960）。

【沿革】　“大寮层”自1930年命名以来沿用至今，但颜沧波（1953）、何春荪（1986）所称之“大寮层”，均包含“公馆凝灰岩”，《台湾省区域地质志》（1992）更名为大寮组。

【现在定义】　大寮组是野柳群的一个组，整合位于木山组之上，石底组之下，由深灰色厚层块状砂岩与灰黑色页岩或粉砂质页岩的互层组成，为富含有孔虫化石的海相地层单位，其顶部富含 *Ditrupa* 的钙质砂岩，常被作为标志层。

【层型】　谭立平于1960年（?）在台北县三峡镇西侧山子脚村附近测有山子脚剖面（林朝棨，1960），可作选层型，其层序如下：

上覆地层：**瑞芳群石底组**　页岩夹砂岩

———— 整　合 ————

大寮组	总厚度 288.4 m
8. 砂质页岩及钙质页岩	50.0 m
7. 青灰色钙质砂岩，含 *Ditrupa*	4.0 m
6. 棕黄色厚层砂质页岩，夹薄层钙质页岩	50.0 m
5. 深灰色厚层页岩，夹薄层砂质页岩	100.0 m
4. 黄棕色钙质砂岩，含 *Ditrupa*	4.0 m
3. 黄棕色长石砂岩	50.0 m
2. 碳质页岩	0.4 m
1. 页岩，夹凝灰岩	30.0 m

———— 整　合 ————

下伏地层：**木山组**　砂岩与页岩互层

【地质特征及区域变化】　大寮组广布于台湾北部海岸至台北、桃园等地，在台湾北部海岸的野柳岬一带大寮组可划分为三部分，中部为厚层钙质砂岩，厚约 50～60 m，为野柳岬的主要组成部分，突出于海岸，构成野柳岬风景区，其上下两部分均为厚层砂岩与富含化石的深灰色页岩的互层，总厚度为 500～550 m（基隆市附近厚可达 650 m），由北部海岸往南，其中部的砂岩层逐渐不明显，页岩增多，在台北和桃园的大部分地区，大寮组通常为厚层砂岩与深灰色页岩的互层，页岩所占比例增多，厚度也减少到 300～400 m。

大寮组富含海相化石，主要有钙质超微化石 *Triquetrorhabdulus carinatus*，*Helicosphaera carteri*，*Discoaster druggi*，*Sphenolithus dissimilis*；浮游有孔虫 *Globigerina ciperoensis*，*G. binaiensis*，*Globigerinoides primordius*，*G. altiaperturus*；底栖有孔虫 *Gaudryina pseudohayasakai*，*Lepidocyclina* sp.，*Miogypsinoides formosensis* 等，此外还产双壳类：*Amussiopecten yabei* 和棘皮类 *Astriclypeus integer*，*Echinodiscus formosas* 等。上述微体化石的组合大致可与马丁尼 NN2 化石带或卜劳 N5 化石带相对比。其地质时代为中新世早期。

【问题讨论】　大寮组底部及其与木山组之间局部夹有凝灰岩，曾被命名为“公馆凝灰岩”，系 1930 年市川雄一所创。主要由玄武质碎屑岩或熔岩和凝灰质沉积岩组成，有时夹少量薄层状或透镜状碎屑灰岩，含有孔虫及贝类化石，其厚度变化大，可从数米至 200 m，凝灰岩层极不规则，也不连续，无固定层位，除产于大寮组底部外，多数散布于大寮组和木山组之间，在许多地方这两个地层中及其中间均缺失该凝灰岩层，因此大多数学者认为它是在木山组和大寮组沉积期间，由若干散布的火山喷发出的基性火山产物，而不把它作为一个地层单位。

大坑组　E_3N_1dk　(71-0030)

【创名及原始定义】　“大坑层”系何春荪等于 1956 年所创（林朝棨，1964）。命名地点位于南投县东中寮乡大坑村，据《南投县地理志地质编稿》（林朝棨，1964）称：“大坑层位于粗坑层与含 *Oporeulina* 密集带之水里坑层之间，为块状之黑色或暗色页岩之地层。”

【沿革】　“大坑层”自 1956 年命名以来沿用至今，现将其更名为大坑组。

【现在定义】　本组整合于粗坑组之上及水里坑组之下，岩性以深灰色页岩为主，富含海绿石及有孔虫等化石，夹砂岩及砂质页岩，上部为砂岩与页岩互层，下部为深灰色页岩夹浅灰色中—厚层状砂岩。

【层型】 何春荪、詹新甫等于1964年(?)在南投县中寮乡之大坑村附近测有南投县大坑平林溪剖面(林朝棨,1964)。可作为正层型,层序如下:

上覆地层:**水里坑组** 厚层块状砂岩与暗灰色页岩互层

——————— 整 合 ———————

大坑组	总厚度 639.9 m
22. 浅灰色细砂岩与暗灰色页岩互层	95.0 m
21. 灰、暗灰色致密页岩,夹砂岩	75.0 m
20. 暗灰色致密页岩与灰色砂岩互层,含植物化石碎片	40.0 m
19. 灰—暗灰色致密页岩,夹海绿石砂岩	158 m
18. 灰色厚层细砂岩,含贝类化石	2.8 m
17. 深灰色致密页岩与砂岩薄互层	12 m
16. 灰色厚层细砂岩	5 m
15. 暗灰色页岩与砂岩互层	30 m
14. 灰色厚层细砂岩,夹砂页岩互层	10 m
13. 暗灰色页岩与白色薄砂岩互层	48 m
12. 灰色厚层细砂岩,夹薄层砂质页岩	7 m
11. 暗灰色致密页岩	9 m
10. 灰白色页岩,夹细砂岩	6.6 m
9. 暗灰色页岩,夹细砂岩	20 m
8. 厚层细砂岩	11.5 m
7. 暗灰色致密页岩,上部夹砂岩	15 m
6. 灰色厚层细砂岩夹砂页岩薄互层	33 m
5. 暗灰色页岩与浅灰色砂岩互层	8.5 m
4. 暗灰色致密页岩,含植物化石碎片	16.5 m
3. 灰色巨厚层细砂岩	13 m
2. 暗灰色致密页岩,夹灰色细砂岩	20 m
1. 浅灰色厚层细砂岩	4 m

——————— 整 合 ———————

下伏地层:粗坑组

【地质特征及区域变化】 大坑组上部为深灰色页岩和砂页岩互层,厚约400~500 m,页岩中含海绿石,多处形成海绿石富集带,下部以深灰色页岩为主,厚约200~300 m。大坑组主要分布于台湾中部南投县的山麓地带,其层位介于粗坑组与水里坑组之间,该组含海相化石颇多,但是尚未有人做过详细的生物地层研究,纪文荣等(1981)、何春荪(1986)等人均将其与野柳群(含木山组、大寮组)对比,其地质时代暂定为渐新世晚期至中新世早期。

瑞芳群 N_1R (71-0033)

【创名及原始定义】 瑞芳群为何春荪于1975年所创,命名地点位于台北县东北37 km的瑞芳镇,"代表中新世中间的一个沉积旋回,它包括一个含煤地层(石底层)和一个海相地层(南港层),但在以前的日人文献中曾将瑞芳群和野柳群合称为汐止群"。

【现在定义】 瑞芳群是台湾西部中新世的第二个旋回沉积地层,富含煤、石油、天然气,为台湾最具经济价值的地层,整合于野柳群大寮组之上和三峡群南庄组之下,由砂岩、页岩夹煤层组成，底部偶夹玄武岩或凝灰岩透镜体，含多种海相化石，本群包括下部石底组和上部南港组。

【区域变化】 其分布比野柳群更为广泛，从台湾北部海岸向南延展到台湾中北部的新竹、苗栗一带。

此外，在台湾本岛的东北方向150 km钓鱼岛上，出露为白—灰白色砂岩夹薄层泥岩，夹3～4层薄煤层或煤线，总厚约300 m，被称作“钓鱼岛层”，其岩性可与瑞芳群对比，但砂岩中局部含砾石。

石底组 $N_1\hat{s}$ (71-0034)

【创名及原始定义】 这是台湾西部新第三纪三个含煤地层中最重要的一个地层，1953年颜沧波、陈培源命名为“石底层”（林朝棨，1960），“由砂岩、页岩之互层而成，夹有细缟状砂页岩。”命名地点位于台北县东约28 km基隆河上游之平溪乡石底村。

【沿革】 日人曾称其为“四脚亭炭系”或“四脚亭石炭层”，至1931年市川雄一称为“中部夹炭层”（林朝棨，1960）。1953年颜沧波等命名为“石底层”。1992年《台湾省区域地质志》改称为石底组。

【现在定义】 整合于大寮组之上和南港组之下，由白色—浅灰色砂岩、粉砂岩、深灰色页岩夹薄煤层组成，常见由深灰色页岩和白色砂岩或粉砂岩所组成的条纹状薄互层。

【层型】 何春荪于1960年（?）在桃园县山子脚丰山煤矿测有山子脚丰山煤矿大石巷剖面（林朝棨，1960），可作为选层型，其分层如下：

上覆地层：瑞芳群南港组 深灰色砂岩、页岩

———— 整 合 ————

瑞芳群石底组	总厚度322.2 m
24. 页岩	6 m
23. 第一煤层	0.2 m
22. 页岩	6.5 m
21. 第二煤层	0.2 m
20. 砂岩	4.5 m
19. 页岩夹砂岩	15.8 m
18. 页岩	3.0 m
17. 砂岩夹页岩	20.0 m
16. 第三煤层	0.25 m
15. 页岩夹砂岩	11.8 m
14. 第四煤层	0.35 m
13. 砂质页岩夹砂岩	9.7 m
12. 页岩夹砂岩	10.4 m
11. 第五煤层	0.3 m
10. 碳质砂岩	3.5 m
9. 页岩夹砂岩	28.0 m
8. 砂岩夹页岩	66.2 m
7. 页岩夹砂岩	59.7 m
6. 砂质页岩	9.5 m
5. 第六煤层	0.6 m

4. 砂质页岩　5.5 m

3. 页岩　1.0 m

2. 砂质页岩夹砂岩　54.9 m

1. 页岩　4.3 m

——————— 整　合 ———————

下伏地层：**野柳群大寮组**　棕灰色泥质细砂岩

【地质特征及区域变化】　石底组由砂岩、页岩夹薄煤层组成，富含植物化石，砂岩中交错层、波痕发育。石底组在台湾北部最发育，主要分布于大甲溪以北的山麓地带。

在台湾最北部的海岸一带，石底组的厚度大于 300 m，其下部的砂岩相当发育，具三层层厚约 12～15 m 的白—浅灰色砂岩，常形成陡壁，近底部夹一层可采的煤层，上部以砂岩、页岩所形成的条纹状薄互层为特征，有五层可采煤层，其中最厚煤层的层厚可达 1 m，从台湾北部海岸地区向南，在台北，桃园、新竹的大部分地区，石底组下部的白色砂岩特征逐渐不明显，砂岩含量减少，但地层厚度增大，可达 400～450 m，且五层煤中仅 1～3 层可采。

在苗栗县的南庄煤田，石底组由砂岩、页岩、砂质页岩和砂、页岩的薄互层组成，厚达 500～600 m，只有一层平均厚约 0.25 m 的可采煤。

在南庄煤田以西的出磺坑背斜轴部地带的石底组被称为“出磺坑层”，由浅灰色砂岩与深灰色页岩组成，钻孔中的厚度在 500 m 以上，夹薄煤层，但质劣，不可采。

苗栗县以南，石底组的煤迹消失，至南投县则出露为海相地层的水里坑组。

在台北市之西或西南一带的石底组中见有玄武质凝灰岩或凝灰质角砾岩及少量玄武岩，但规模小，展布有限，多于矿坑内发现。

石底组仅含少量浮游有孔虫化石 *Globigerina praebulloides*，*G. ciperoensis*，*G. angustiumbilicata*；植物化石 *Caniogramme devoli*，*Perrottetia miocenica*，*Acer juani*；孢粉 *Pinuspollenites*，*Phyllocladites* 等。其微体化石组合大致相当于卜劳 N5 化石带或马丁尼 NN2 化石带，并据其上下层位关系，其时代定为中新世早期。

南港组　N_1n　(71－0035)

【创名及原始定义】　南港组源自市川雄一 1930 年所创之“南港砂岩”，命名地点位于台北市东之南港山。为“基隆群的最上层位，下边是凑合层，其上是三峡群，……，新鲜出露部分呈暗青灰色，……，中粒砂岩为主，间夹薄层页岩和泥灰岩，中部夹有薄的砂岩、页岩互层。”(石崎和彦，1942)。

【沿革】　1938 年丹桂之助将上部的“南港砂岩”和下部的“凑合层”合称为“南港凑合层”。1951 年林朝棨将“南港砂岩”改称为“南港层”(据林朝棨，1960)。由于“南港砂岩”与“凑合层”难以区分，无明确的地层界线，故 1964 年何春荪将其合称为“南港层”，以代表位于“南庄层”之下和“石底层”之上的所有海相地层。(据何春荪，1986)。《台湾省区域地质志》沿用何春荪的定义，并更名为南港组。

【现在定义】　整合位于南庄组之下和石底组之上，由青灰色厚—薄层钙质细砂岩和深灰色页岩或粉砂岩组成，富含有孔虫等化石。

【层型】　郝骙 1957 年在苗栗县上福基至出磺坑之间的后龙溪沿岸测有后龙溪剖面，可作选层型，其分层如下：

上覆地层：**三峡群南庄组**　深灰色砂质页岩

——————— 整 合 ———————

瑞芳群南港组　总厚度 962.0 m

上部（“观音山砂岩”）：

层号	岩性	厚度
29.	灰白色细砂岩，底部夹页岩团块	6.0 m
28.	深灰色页岩与棕色细砂岩互层，含碳质	48.0 m
27.	深灰色页岩，夹棕色细砂岩	22.0 m
26.	深灰色页岩与砂质页岩，上、中、下均分别夹一层细砂岩，各夹层均含 *Operculina ammonoides* 化石密集带	56.0 m
25.	深灰色页岩或砂质页岩	17.0 m
24.	灰色细砂岩，含碳质	7.0 m

——————— 整 合 ———————

中部（“打鹿页岩”）：

层号	岩性	厚度
23.	灰—深灰色块状页岩，夹灰色砂质页岩或泥质细砂岩薄层	188.0 m
22.	灰—浅灰色泥质细砂岩与灰色厚层块状页岩互层	35.5 m
21.	灰—深灰色块状页岩夹薄层砂质页岩	82.5 m
20.	浅灰—灰色泥质细砂岩	5.0 m
19.	灰、深灰色块状页岩	18.0 m

——————— 整 合 ———————

下部（“北寮砂岩”）：

层号	岩性	厚度
18.	灰色钙质细砂岩，顶部含 *Eponides* sp.	16.0 m
17.	灰色细—中粒砂岩与砂质页岩互层	17.0 m
16.	灰色钙质细砂岩	18.0 m
15.	浅灰色细砂岩与深灰色页岩互层	17.0 m
14.	灰色细砂岩	20.0 m
13.	灰色细砂岩夹深灰色页岩	28.0 m
12.	深灰色砂质页岩，夹薄层砂岩	41.0 m
11.	灰色细砂岩，含 *Ditrupa* sp.，*Pecten* sp.，*Ostrea* sp. 等化石密集带	48.0 m
10.	深灰色页岩	22.0 m
9.	灰色细砂岩	18.0 m
8.	灰色细砂岩与砂质页岩互层	50.0 m
7.	灰色细砂岩	42.0 m
6.	灰色砂岩，夹深灰色砂质页岩	20.0 m
5.	深灰色页岩，夹薄层泥质砂岩	78.0 m
4.	灰色泥质砂岩，下部夹页岩	17.0 m
3.	深灰色页岩，夹致密砂质页岩	10.0 m
2.	灰色细砂岩，底部含贝壳及 *Operculina bartschi* 化石密集带	11.0 m
1.	深灰色页岩，夹砂质页岩和泥质砂岩	4.0 m

——————— 整 合 ———————

下伏地层：瑞芳群石底组　灰白色中粗粒砂岩

【地质特征及区域变化】　南港组主要分布于台湾西部山麓的北部和中北部，包括基隆、台北、桃园、新竹、苗栗等地，以及台中、南投的部分地区，由于岩性、岩相的变化，以及所含砂岩与页岩比例不同，由北而南在不同地区，南港组的分层分段，以及地层名称也有所不同，至于在各煤田中则有更多的地方性地层名称，在台湾北部的基隆市、台北市之间的南港组，何春荪等（何春荪，1986）将其分为五个岩性段，其厚度约700～750 m，由台北市向南（新竹、苗栗等地，以及台中、南投的部分地区），南港组五分法渐不清楚，由于其中部的厚层块状页岩发育特别良好，南港组可划分为三部分，下部称“北寮砂岩”，由浅灰色细砂岩，夹泥质砂岩或页岩组成，底部具一层 *Operculina bartschi* 密集带，中部称“打鹿页岩”，以灰—深灰色页岩为主，夹少量透镜状砂岩或粉砂岩；上部称“观音山砂岩”，为深灰—浅灰色钙质细砂岩，夹深灰色页岩和砂岩与页岩的薄互层，夹数层 *Operculina ammonoides* 的密集带。这在台湾中北部的大部分地区适用，其地层厚度也增大，苗栗一带可达1000 m，由北向南砂岩成分减少，页岩增多，再向南至南投县中部则出露以厚层致密页岩为主，夹砂岩的水里坑组了（表3-1）。局部地区的南港组中尚夹少量透镜状凝灰岩，新竹县关西地区南港组下部的钙质砂岩中夹多层石灰岩，层厚数米至20多米，长数米至数公里，最厚可达150 m，呈透镜状。

表3-1　台湾西部山麓地层小区南港组分段命名表

北部	中北部	中部	南部
十分寮段	观音山砂岩	水里坑组	达邦组
新寮砂岩段			
大华段			
暖暖砂岩段	打鹿页岩		
硕仁段	北寮砂岩		

据浮游有孔虫 *Globigerinoides subquadratus* 和钙质超微化石 *Sphenolithus belemnos* 在南港组底部的首次出现，以及 *Globorotalia fohsi* 和 *Cyclicargolithus floridanus* 分别在南港组上部的出现与消失，南港组的生物化石组合可与卜劳（1969）的N6—N11化石带或马丁尼（1971）的NN3—NN6化石带相对比，其地质时代属中新世早—中期。

【其它】　早期在台湾北部位于南庄组之下，石底组之上的海相地层，上部称“南港砂岩”，下部称“凑合层”，但两者难以划分，1964年何春荪将其统称为“南港层”（何春荪，1986）沿用至今，故“南港砂岩”及“凑合层”应废弃；南港组在不同的煤田中有不同的名称，如“乌嘴山层”、“大龙山层”等应属同物异名，建议停止使用，还有不少岩性段，以及一些“段”升格为“层”（组）的名称在某些煤田中使用，也应停止使用。

水里坑组　$N_1\hat{s}l$　（71-0036）

【创名及原始定义】　水里坑组为何春荪等1956年调查南投县煤田地质时提出的地层名称（林朝棨，1964）。据林朝棨1964年《南投县地理志地质篇稿》称：“水里坑层为南庄层（即上部夹炭层）与大坑层间之产大量海栖化石的地层”，命名地点位于南投县东南，西螺溪上的水里坑镇。

【沿革】　“水里坑层”自1956年命名以来沿用至今，今更名为水里坑组。

【现在定义】　整合于大坑组之上、南庄组之下，为浅灰色厚层块状砂岩与深灰色致密状页岩互层，富含有孔虫及贝类化石，其下部富含海绿石。

【地质特征及区域变化】　水里坑组分布于南投县中部西螺溪一带，其中部有一富含化石的厚层页岩，何春荪（1956）将其称为“樟湖坑页岩段”，其上下均以厚层块状砂岩为主，夹页岩、砂岩，常构成悬崖陡坡，分别称之为上部的“深坑砂岩段”和下部的“石门段”。厚1 200～1 350 m。

水里坑组富含化石，主要有 *Operculina bartschi*，*O. ammonoides*，*Ditrupa* sp.，*Ostrea pecten*，*Cycloclypeus* sp.，*Cucullaea* 等，往往形成密集带，其有孔虫的属种可与南港组所含者对比。但其下限则应包括南港组下伏地层的石底组，其地质时代属中新世的早—中期。

三峡群　NS　（71－0048）

【创名及原始定义】　三峡群为市川雄一 1929 年所创（石崎和彦，1942），命名地点位于台北县西南的三峡镇，据石崎和彦（1942）《台湾地层名称索引》称：“三峡群厚达 1 400 m，在下部有称作上部含煤层的煤层数层，从下而上分为上部含煤层、大埔层、二阄层，本层名用于台北、桃园……及新店各图幅。相当于苗栗油田的出磺坑层上部到桂竹林层，位于海山层上部”。

【现在定义】　三峡群广泛分布于台北至南投县阿里山区一线的山麓丘陵地带，它是台湾西部中新统最上部（并延至上新统）的一个沉积旋回，整合于瑞芳群南港组之上、锦水组之下，由厚层砂岩和页岩组成，夹薄层煤及透镜状火山岩体。厚度达 1 300 m 以上，包括下部含煤的南庄组和上部的桂竹林组。

南庄组　$N_1n\hat{z}$　（71－0038）

【创名及原始定义】　1953 年王源命名的“南庄含煤层”，其命名地点位于苗栗县东北 19 km 的南庄镇。据台北县志称：为“南港层之上的含煤层……以比较软质之灰色砂岩与暗灰色页岩之密互层而成……夹块状砂岩”（林朝棨，1960）。

【沿革】　日据时期称“汐止炭系”、“五堵炭系”等。1931 年市川雄一曾将其命名为“上部夹炭层”。1953 年颜沧波等将本含煤层称“五堵层”，张丽旭称“南庄含煤层”。1954 年何春荪等调查南庄煤田地质时将其称为“南庄含煤层”。1959 年，何春荪根据地层名称的命名原则，将其改称为“南庄层”（林朝棨，1960），沿用至今。

【现在定义】　南庄组是台湾三个含煤建造中最上部的含煤地层，它整合于桂竹林组之下，南港组之上，为白色厚层砂岩，灰黑色页岩和砂岩、粉砂岩、页岩薄互层，夹可采煤 3～4 层。煤层厚 0.3～0.4 m。

【层型】　郝骙于 1957 年在苗栗县上福基附近测有后龙溪剖面，可作为选层型，分层如下：

上覆地层：**三峡群桂竹林组**　页岩和砂岩

——————　整　合　——————

三峡群南庄组	总厚度 696.80 m
上部	厚 104.00 m
35. 白色粗砂岩，夹碳质页岩和煤层，底部为深灰色页岩	74.45 m
34. 白色疏松粗砂岩，夹碳质页岩	19.20 m
33. 棕灰色至黄白色中粒砂岩，底部含煤	10.35 m
——————　整　合　——————	
下部	厚 592.80 m
32. 棕灰色致密页岩	10.90 m
31. 棕灰色细—中粒砂岩	27.50 m
30. 掩盖	19.80 m

29. 砂岩，夹坚硬砂岩和页岩互层　6.40 m
28. 掩盖　28.40 m
27. 棕色细砂岩和深灰色页岩或砂质页岩互层　13.40 m
26. 灰色块状细砂岩　6.70 m
25. 棕灰色细砂岩夹砂质页岩　9.20 m
24. 深灰、棕灰色砂岩，下部含 *Ostrea* sp. 密集带　9.10 m
23. 黄棕色细—中粒砂岩和深灰色页岩互层　15.30 m
22. 深灰色页岩，下部夹砂岩，含 *Ostrea* sp. 密集带　7.30 m
21. 深灰色页岩，夹棕色细砂岩　14.80 m
20. 掩盖　2.20 m
19. 棕色细砂岩夹页岩　55.30 m
18. 掩盖　17.10 m
17. 棕色厚层细砂岩夹深灰色页岩　29.70 m
16. 掩盖　10.70 m
15. 棕色块状细砂岩夹深灰色页岩　47.00 m
14. 掩盖　3.40 m
13. 砂岩和页岩　2.20 m
12. 棕灰色细砂岩，下部夹砂质、泥质页岩　36.10 m
11. 掩盖　11.10 m
10. 黄棕色细砂岩　9.80 m
9. 灰色泥质砂岩，夹砂岩和页岩　7.30 m
8. 掩盖　21.10 m
7. 棕色细砂岩夹砂质页岩　17.30 m
6. 掩盖　3.30 m
5. 棕色或黄白色细—中粒砂岩，底部含 *Ostrea* sp. 密集带　102.60 m
4. 黄白色细砂岩夹页岩　7.90 m
3. 砂岩，上部夹坚硬钙质砂岩，下部夹页岩　7.10 m
2. 棕灰色细砂岩和页岩互层，含 *Operculina ammonoides* 密集带　18.90 m
1. 深灰色页岩为主，含砂质页岩或碳质页岩　13.90 m

——————— 整　合 ———————

下伏地层：**瑞芳群南港组**　棕灰色泥质细砂岩

【地质特征及区域变化】　南庄组分布于台湾北部海岸，向南直到阿里山的山麓丘陵地带，属海陆交互相的沉积地层，以煤层的堆积、粗碎屑岩的沉积和海相化石的稀少为其主要特征。在各地，南庄组的岩性、岩相、厚度以及含矿性，均有较大的变化。

在台湾北部的台北—基隆一带的南庄组被称为“五堵层”，主要为白色厚层块状中粒砂岩，夹深灰色页岩、浅绿色泥岩，以及砂—粉砂岩与页岩的薄互层，其下部有两层薄而不规则的煤层，局部可采，上部夹煤线。本组厚 600～700 m。

台北县西南至桃园新竹一带，南庄组主要由砂岩、粉砂岩、页岩的薄互层，浅灰—灰白色细砂岩，以及深灰色碳质页岩组成，夹薄而又连续的煤层，局部 1～2 层可采，厚约 500～600 m，其上部为白色胶结疏松的厚层中—细粒砂岩、页岩薄互层及煤线，厚达 100 m，中部和下部夹玄武质凝灰岩、凝灰质碎屑岩和少量玄武岩的透镜体。

南庄组在新竹—苗栗一带最发育，是重要的含煤地层，煤层多，地层厚度大，达 800～900

m，可分上下两部分，下部（“东坑层”）为白色砂岩、粉砂岩与深灰色页岩的薄互层，含延续性差的煤层，局部可开采，上部（“上福基砂岩”）为白色中—粗粒厚层块状砂岩夹砂岩与页岩的薄互层，夹 7～8 层煤，延续性差，仅 1～2 层可采，层厚为 0.3 m。但局部矿区（如苗栗县狮头山煤田）有 3～4 层可采煤，层厚为 0.3～0.4 m，最厚达 0.8 m。

苗栗县后龙溪以南及台中县的大部分地区，南庄组的白色厚层砂岩不发育，岩性主要为灰色细砂岩，深灰色页岩及砂岩与页岩的薄互层，夹碳质页岩及煤线，无可采煤层，厚度为 550～650 m。台湾中部阿里山一带，南庄组的砂页岩薄互层中含较多的海相化石及稀少的植物碎片，并夹 2 层延续性差的薄煤层或煤线，厚达 1 000 m 以上，在阿里山以南，与南庄组相当的地层全变为海相地层，不含煤。

南庄组位于南港组之上及桂竹林组之下，富含植物化石，其下部可见 *Operculina ammonoides* 及 *Ostrea* sp. 的密集带，本组尚含少量 *Globigerina* sp. 等有孔虫化石，其时代为中新世中—晚期。

三民页岩　N_1*sm*　（71－0039）

【创名及原始定义】　三民页岩系钟振东于 1962 年所创（纪文荣，1979）。命名地点位于高雄县东北的三民乡。“本层厚 800 m 以上，以暗灰—灰黑色致密页岩为主，夹灰色薄层细粒或泥质之致密砂岩，富含云母及碳质，偶夹厚约 2 cm 之透镜状薄煤层。”（纪文荣，1979）。

【现在定义】　整合于红花子组之下，为深灰色页岩，夹薄层泥质砂岩。富含化石，偶夹碳质页岩及透镜状薄煤层，未见底。

【地质特征及区域变化】　主要分布于阿里山脉南端之高雄、台南一带，厚约 800 m。富含有孔虫及钙质超微化石，除常见 *Reticulofenestra pseudoumbilica*，*Dictyococcites hesslandii*，*Discoaster variabilis* 外，尚见 *Discoaster bollii*，*Catinaster coalitus* 等化石，可与马丁尼（1971）之 NN8—NN10 之化石带对比，且与台湾北部之南庄组对比，但其下部尚含 *Discoaster kugleri*，属于马丁尼（1971）之 NN6—NN7，可与南港组上部对比。故三民页岩应属于中新世中期。

红花子组　N_1*h*　（71－0040）

【创名及原始定义】　红花子组系沿袭钟振东 1962 年所创之“红花子层”（纪文荣，1979），命名地点位于高雄县甲仙北北东小林村附近。据纪文荣（1979）称：“本层厚 1 206 m，以灰色块状坚硬之钙质细砂岩与暗灰色页岩或砂质页岩之互层组成，下部有一厚约 3～5 m 之贝类化石密集带”。

【沿革】　“红花子层”自 1962 年命名以来沿用至今，现更名为红花子组。

【现在定义】　整合于三民页岩之上、长枝坑组之下，为灰色厚层细—中粒砂岩，夹深灰色页岩和灰色泥质砂岩的互层。

【层型】　钟振东于 1962 年在高雄县甲仙乡小林村至三民乡民族村之间测有高雄县红花子剖面（纪文荣，1979），为正层型，剖面分层如下：

红花子组　　　　总厚度 1 206.2 m

27. 灰色厚层钙质细砂岩夹灰色页岩　　59.0 m

26. 砂岩与页岩互层　　95.5 m

25. 灰色块状细砂岩，富含碳质，夹深灰色砂质页岩　　59.0 m

24. 砂岩及页岩互层　　22.0 m

23. 灰色细砂岩夹深灰色页岩　73.0 m
22. 砂岩与页岩　9.5 m
21. 灰色钙质或泥质细砂岩，夹深灰色页岩　115.0 m
20. 灰色细砂岩与深灰色页岩互层　44.0 m
19. 浅灰色钙质细砂岩　50.0 m
18. 砂岩与砂质页岩互层　50.0 m
17. 灰色坚硬泥质细砂岩　30.0 m
16. 深灰色坚硬页岩　13.0 m
15. 泥质砂岩与深灰色砂质页岩互层　34.5 m
14. 灰色块状砂岩，含碳质　61.0 m
13. 砂岩与页岩互层　20.0 m
12. 灰色泥质砂岩　7.0 m
11. 砂岩与页岩互层　63.0 m
10. 黄褐色钙质砂岩，含贝类化石　5.0 m
9. 页岩与泥质砂岩互层　41.0 m
8. 灰色块状泥质砂岩　27.0 m
7. 砂岩与页岩互层，中部夹一层厚约 3 m 的块状泥质砂岩　19.5 m
6. 灰色砂岩　44.0 m
5. 砂岩与页岩互层　39.0 m
4. 深灰色页岩夹灰色钙质砂岩　85.0 m
3. 灰色块状砂岩　24.5 m
2. 砂岩与页岩互层，中部夹一层厚约 3.5 m 灰色细砂岩　100.0 m
1. 灰色泥质砂岩　15.5 m

【地质特征及区域变化】 红花子组分布于台湾南部高雄及公南一带。据超微化石的研究，纪文荣（1979）将其归入 *Discoaster variabilis* 带，时代属于中新世中期，可与台湾北部的南庄组对比。

长枝坑组　$N_1\hat{c}\hat{z}$　(71-0041)

【创名及原始定义】 长枝坑层是何春荪 1956 年所创（何春荪，1986），其命名地点位于台南县大埔溪流域（楠西乡一带）。据张锡龄等（1957）称："本层以灰—青灰色细砂岩或泥质砂岩与黑色页岩所成之带状互层为主夹灰色泥质砂岩和钙质砂岩，含 *Ostrea* sp.，*Ditrupa* sp. 等化石，厚约 1 300 m"。

【沿革】 "长枝坑层"自 1956 年命名以来，沿用至今，现更名为长枝坑组。

【现在定义】 本组岩性以灰—青灰色细砂岩或泥质砂岩与黑色页岩所构成的条带状互层为主，夹灰色厚层泥质砂岩和薄层钙质砂岩，富含 *Ostrea* sp.，*Ditrupa* sp. 化石，并与上覆的糖恩山组及下伏的长枝坑组为整合接触关系。

【层型】 张锡龄、钟振东于 1957 年在台南县后堀溪之篙嘴坑测有台南县篙嘴坑剖面，可作为选层型，其层序如下：

上覆地层：糖恩山组　泥质砂岩

———— 整　合 ————

长枝坑组　总厚度 650.0 m

9. 灰色细砂岩与深灰色砂质页岩互层 112.0 m
8. 灰色致密细砂岩 24.0 m
7. 深灰色页岩与灰色细砂岩互层 106.0 m
6. 灰色细砂岩夹深灰色页岩 44.0 m
5. 深灰色页岩与灰色砂岩互层 124.0 m
4. 灰色细砂岩 30.0 m
3. 深灰色页岩与灰色细砂岩互层，富含碳质 60.0 m
2. 浅灰色至灰色中粗粒砂岩 24.0 m
1. 深灰色页岩与灰色细砂岩互层 126.0 m

══════ 断 层 ══════

【地质特征及区域变化】 长枝坑组分布于高雄、台南县的山麓丘陵地带，厚1 000～1 200 m。富含 *Ostrea* sp.，*Ditrupa* sp. 等化石，据纪文荣等人的研究，长枝坑组属 *Dicoaster variabilis* 带，可与台湾北部之南庄组对比，其时代为中新世晚期。

桂竹林组 $N_{1-2}g$ (71－0049)

【创名及原始定义】 桂竹林组沿袭鸟居敬造和吉田要1931年命名的"桂竹林层"（石崎和彦，1942），命名地点位于苗栗县东南约11 km的桂竹林，指"南庄层与锦水页岩间之地层，以富含暗灰色块状的粘土质砂岩为特征，夹砂岩及页岩，下部层主要由中粒泥质砂岩组成，含介壳化石，有 *Operculina ammonoides* 的密集带，上部层……由泥质砂岩、页岩、薄层砂岩与页岩互层，以及灰白色粗松砂岩组成……"（石崎和彦，1942）。

【沿革】 "桂竹林层"自1931年创名以来沿用至今，1992年编制《台湾省区域地质志》时更名为桂竹林组。

【现在定义】 为整合于南庄组之上、锦水组之下的砂岩与页岩，富含以钙质超微和有孔虫为主的化石，由下而上可分为下部的灰白色砂岩夹深灰色页岩，中部的灰—深灰色厚层页岩和上部的灰—黄色中厚层细砂岩为主，夹砂岩与页岩的薄互层。

【层型】 郝骙1957年在苗栗县后龙溪沿岸测有苗栗县后龙溪剖面，可作选层型，其层序如下：

上覆地层：**锦水组** 深灰色页岩

——— 整 合 ———

三峡群桂竹林组 总厚度 485.0 m

上部（"鱼藤坪砂岩"） 厚 271.0 m

11. 灰色和黄色细粒泥质砂岩 122.0 m
10. 深灰色页岩和砂质页岩 17.0 m
9. 黄色松散细砂岩，下部含泥质砂岩 132.0 m

——— 整 合 ———

中部（"十六份页岩"） 厚 38.0 m

8. 灰色砂质页岩 36.0 m

——— 整 合 ———

下部（"关刀山砂岩"） 厚 176.0 m

7. 黄色细砂岩 18.0 m
6. 灰色页岩 14.0 m

5. 灰色泥质砂岩夹砂质页岩和细—粗粒砂岩，含贝类和 *Ditrupa* sp.，*Operculina ammonoides* 化石带等 102.0 m

4. 灰、灰白色含砾粗砂岩和砂质页岩 10.0 m

3. 深灰色灰岩，含 *Crabs* sp. 和贝类化石 6.0 m

2. 白色含砾粗砂岩和泥质砂岩，底部夹页岩 22.0 m

1. 深灰色页岩，顶部为灰白色砂岩 4.0 m

———————— 整　合 ————————

下伏地层：**三峡群南庄组**　白色粗砂岩

【地质特征及区域变化】　桂竹林组分布于台湾西部山麓地带的台北、桃园、新竹、苗栗直至台中、南投等地，其分布范围略比南庄组为小。

桂竹林组以砂岩、页岩为代表，具有由北向南砂岩减少、页岩增多、厚度加大等变化特征，由于岩性上的变化，在不同地区往往被细分为不同的岩段和命名为不同的地层名称。

在台湾北部，包括台北、桃园、新竹等县和苗栗县的部分地区，桂竹林组被分为两部分：其下部称“大埔层”，由浅灰色厚层泥质砂岩组成，夹较多的钙质砂岩及少量透镜状白色砂岩，泥质砂岩中含大量的有孔虫及贝类化石；上部称“二阄层”，以淡青色厚层泥质砂岩为主，夹深灰色页岩及较多的砂岩、粉砂岩与页岩的互层。往往白色砂岩的夹层作为“大埔层”与“二阄层”划分的主要依据。桂竹林组的厚度为 700～1 000 m。

苗栗县出磺坑油田以南，台湾中部的大部分地区（台中、彰化、南投等县），由于在桂竹林组的中部发育有厚 100～200 m 的页岩，故桂竹林组自下而上被分为“关刀山砂岩”、“十六份页岩”和“鱼藤坪砂岩”三部分。“关刀山砂岩”主要为灰—灰白色泥质砂岩为主，夹少量深灰色页岩，厚约 170～300 m，向南增至 500 m，砂岩呈厚层块状，常成陡壁，含贝类、有孔虫、钙质超微化石。中部的“十六份页岩”主要为灰—深灰色厚层页岩，厚 38～200 m 不等，向南厚度增大，向北尖灭，含钙质超微、有孔虫等化石。“鱼藤坪砂岩”为灰—浅灰色中厚层细砂岩为主，夹较多的砂、页岩薄互层，其厚度可从 250 m 变化到 550 m 左右，含钙质超微和有孔虫化石。

台湾中南部，嘉义县浊水溪至六重溪的山麓一带，与桂竹林组相当的地层被称为“中仑层”和“鸟嘴层”（史太克，1957），两者呈整合接触，均由砂岩、页岩及砂质页岩或泥质砂岩组成，但下部的“中仑层”页岩成分较多，到上部的“鸟嘴层”则以砂岩为主，总厚约 1000 m 左右。

本组富含贝类和以钙质超微及有孔虫为主的海相化石，主要有钙质超微 *Discoaster quinqueramus*, *D. pentaradiatus*, *Gephyrocapsa* spp., *Ceratolithus rugosus*, *Sphenolithus abies*；有孔虫 *Pulleniatina obliquiloculata*, *Globorotalia tumida tumida*, *Sphaeroidinella dehiscens*, *Globigerina nepenthes*，而上述化石的出现，以及 *Sphenolithus abies* 和 *Globigerina nepenthes* 在本组上部的消失为特征，这些化石组合大致可与马丁尼（1971）的 NN12—NN14 化石带，或卜劳（1969）的 N17—N18 化石带对比。但其顶部岩层已延至 N19 化石带，其时代属中新世晚期至上新世早期。

糖恩山组　N_1t　（71－0042）

【创名及原始定义】　糖恩山组系沿袭何春荪等 1956 年所创的“糖恩山砂岩”（何春荪，1986），命名地点位于台南县玉井乡东的糖恩山，“以青灰色细粒致密砂岩与泥质砂岩为主，夹深灰色页岩及砂质页岩……坚致多呈块状……含双壳类及有孔虫化石等。”（张锡龄等，

1957）。

【沿革】 “糖恩山砂岩”自1956年创名以来，沿用至今，现更名为糖恩山组。

【现在定义】 与上覆盐水坑页岩和下伏的长枝坑组均为整合接触，以灰—浅灰色块状细砂岩为主及泥质砂岩，常夹深灰色厚层状页岩及灰色砂质页岩，富含双壳类及有孔虫等化石。

【层型】 何春荪等1956年在台南县后堀溪之篙嘴坑测有篙嘴坑剖面（张锡龄等，1957），为正层型，其分层如下：

糖恩山组	总厚度 450.0 m
12. 灰色泥质砂岩	10.0 m
11. 深灰色砂质页岩	16.0 m
10. 灰色泥质砂岩	62.0 m
9. 深灰色砂质页岩夹灰色钙质薄层砂岩	84.0 m
8. 灰色泥质砂岩夹深灰色薄层页岩	66.0 m
7. 深灰色砂质页岩	10.0 m
6. 灰色泥质砂岩	22.0 m
5. 深灰色砂质页岩	20.0 m
4. 灰色泥质砂岩	30.0 m
3. 深灰色致密砂质页岩	60.0 m
2. 灰色致密块状砂岩	20.0 m
1. 灰色泥质砂岩	50.0 m

【地质特征及区域变化】 分布于台湾南部之台南县及高雄县北部的山麓丘陵地带，本组的砂岩呈致密块状，层理不清晰，常形成陡崖或深谷。按其层位关系，何春荪、张锡龄等人认为以砂岩为主的“糖恩山层”与台湾中部的桂竹林组的下部（“关刀山砂岩”）可以对比，厚约400～500 m。其中含有孔虫 *Eponides* sp.，*Operculina ammonoides*，*Cyclammina incisa*；双壳类 *Clementia* sp.，*Paphia* sp.，*Amusium* sp. 等，其时代属中新世晚期。

盐水坑页岩　N_2y　（71-0052）

【创名及原始定义】 盐水坑页岩系何春荪于1956年所创（何春荪，1986），命名地点位于台南县南化乡的盐水坑。“本层为深灰色页岩与砂质页岩组成。其中夹有黄灰色砂岩或钙质砂岩。富含贝类及有孔虫等化石”（张锡龄等，1957）。

【现在定义】 盐水坑页岩与上覆的隘寮脚组和下伏之糖恩山组均为整合接触，岩性为深灰色页岩及砂质页岩，偶夹透镜状粉砂岩、砂岩，富含贝类及有孔虫等化石。

【层型】 何春荪、张锡龄等1956年在台南县东南后堀溪之篙嘴坑测有篙嘴坑剖面（张锡龄等，1957），为正层型，其层序如下：

上覆地层：隘寮脚组

——————— 整　合 ———————

盐水坑页岩	总厚度 250 m
3. 深灰色页岩，砂质页岩	118 m
2. 灰色泥质砂岩，含 *Amusiopecten* sp.，*Paphia* sp.，*Clementia nouscripta*，*Operculina ammonoides*，*Cyclammina incisa*，*Eponides* sp. 等	2 m
1. 深灰色页岩与砂质页岩，夹薄层砂岩	130 m

——————— 整　合 ———————

下伏地层：糖恩山组

【地质特征及区域变化】　分布于台湾南部的台南县东南及高雄县的北部的山麓丘陵地带。厚 250 m。本组富含贝类及有孔虫等海相化石，双壳类 *Amusium* sp.，*Amusiopecten* sp.，*Cucullaea* sp.，*Paphia* sp.，*Clementia* sp. 等，有孔虫 *Cyclammina incisa*，*Operculina ammonoides*，*Eomides* sp. 等。按目前台湾有关学者意见，盐水坑页岩大致相当于桂竹林组的中部（"十六份页岩"），其时代属上新世。

隘寮脚组　N_2a　(71－0053)

【创名及原始定义】　隘寮脚组系沿袭 1956 年何春荪等（何春荪，1986）调查竹头崎油田时所命名的"隘寮脚层"，其地点位于台南县南化乡的隘寮脚。"为灰色或黄灰色细粒砂岩或泥质砂岩与暗灰色页岩所组成之厚薄不一的互层。产斧足、腹足类及有孔虫化石"（张锡龄等，1957）。

【沿革】　"隘寮脚层"自 1956 年创名以来沿用至今，现更名为隘寮脚组。

【现在定义】　本组整合于茅埔页岩之下、盐水坑页岩之上，主要由灰色细砂岩组成，夹泥质砂岩或暗灰色砂质页岩，含双壳类及有孔虫等化石。

【层型】　何春荪、张锡龄等 1956 年在台南县后堀溪之篙嘴坑测有台南县篙嘴坑剖面（张锡龄等，1957），为正层型，其分层如下：

上覆地层：茅埔页岩

——————— 整　合 ———————

隘寮脚组	总厚度 500 m
8. 灰色细砂岩夹深灰色薄层页岩，底部产 *Amusiopecten* sp.，*Cucullaea* sp. 及 *Operculina ammonoides*，*Quingueloculina* sp.，*Eponides* sp. 等。	85 m
7. 无露头	41 m
6. 灰色砂岩	80 m
5. 灰色钙质细砂岩	4 m
4. 灰色细砂岩	42 m
3. 灰色泥质砂岩	14 m
2. 深灰色砂质页岩	4 m
1. 灰色细砂岩夹深灰色薄层砂质页岩	230 m

——————— 整　合 ———————

下伏地层：盐水坑页岩

【地质特征及区域变化】　隘寮脚组分布于台南县东南后堀溪一带及高雄县北部地区，厚约 500 m。据何春荪等意见，隘寮脚组可与桂竹林组上部（"鱼藤坪砂岩"）对比，其时代属上新世。

茅埔页岩　N_2m　(71－0054)

【创名及原始定义】　茅埔页岩为何春荪于 1956 年所创（何春荪，1986）。命名地点位于台南县南化乡之茅埔，"本层以暗灰色页岩为主，夹灰或黄灰色泥质砂岩或细粒砂岩薄层，富含有孔虫化石"（张锡龄等，1957）。

【现在定义】　茅埔页岩整合于竹头崎组之下、隘寮脚组之上，岩性以深灰色页岩为主，夹少量细砂岩和泥质砂岩，含有孔虫等海相化石。

【层型】 何春荪、钟振东等1956年于台南县东南后堀溪之篙嘴坑测有篙嘴坑剖面（张锡龄等，1957），属正层型，其层序如下：

上覆地层：**竹头崎组**

——————— 整 合 ———————

茅埔页岩　　总厚度 400 m

3. 深灰色页岩夹薄层细—中粒泥质砂岩，底部产 *Operculina ammonoides*，*Eponides* sp. 及 *Rotalia* sp. 等有孔虫化石　　172 m

2. 灰色泥质砂岩　　14 m

1. 深灰色砂质页岩，夹薄层细中粒砂岩　　214 m

——————— 整 合 ———————

下伏地层：**隘寮脚组**

【地质特征及区域变化】 茅埔页岩分布于台南县东南后堀溪一带及高雄北部地区。以页岩为主，夹砂岩，产有孔虫等海相化石。厚300～400 m。据何春荪等人意见，可与桂竹林组的上部相当。其时代属上新世。

锦水组　N_2j　(71-0057)

【创名及原始定义】 锦水组沿袭1928年大村一藏所称之“锦水层”，命名地点位于苗栗县北东方向的锦水村（处于苗栗县锦水油气田的中部）。当时指相当于“锦水页岩”、“卓兰层”和“通霄层”等三层，总厚在1 500 m以上的地层（即安藤之“苗栗群”）（林朝棨，1960）。

【沿革】 据《台北县志》(林朝棨，1960）称：1930年安藤昌三郎将出露于锦水油田中部以深灰色页岩为主，夹薄层粉砂岩、泥岩的地层称“锦水页岩”。其后大部分学者均沿用“锦水页岩”，如1960年林朝棨沿用“锦水页岩”或“锦水层”，1986年何春荪编制台湾地质图说明书时亦沿用安藤之“锦水页岩”，1992年编制《台湾省区域地质志》时更名为锦水组。

【现在定义】 以深灰色页岩、砂质页岩为主。常夹暗灰色透镜状砂岩、粉砂岩和薄层泥岩。富含泥质结核及有孔虫等化石，其上下分别与卓兰组和三峡群之桂竹林组呈整合接触关系。

【层型】 郝骙1957年在苗栗县锦水村南约17 km出磺坑背斜西翼测有剖面，可作选层型，层序如下：

上覆地层：**卓兰组**　厚层砂岩与页岩互层

——————— 整 合 ———————

锦水组　　总厚度 335.0 m

12. 深灰色砂质页岩和页岩　　29.0 m

11. 棕黄色疏松细砂岩　　30.0 m

10. 深灰色页岩　　50.0 m

9. 掩盖　　21.0 m

8. 深灰色页岩和砂质页岩　　21.0 m

7. 深灰—黄棕色泥质砂岩　　21.0 m

6. 掩盖　　13.0 m

5. 深灰色砂质页岩　31.0 m

4. 深灰色页岩　36.0 m

3. 掩盖　24.0 m

2. 深灰色砂质页岩，底部为泥质砂岩　40.0 m

1. 深灰色砂质页岩和页岩，含砾石　19.0 m

——————— 整　合 ———————

下伏地层：**三峡群桂竹林组**　黄色细砂岩

【地质特征及区域变化】　锦水组分布于台北、桃园、新竹、苗栗至台中等一带的山麓丘陵地带，以苗栗县最发育，厚度在300 m以上，锦水一带处于油气田的中心部位，厚达400 m左右，向四周厚度减小，桃园西部厚约120余米。台中一带厚仅100 m左右，由苗栗的锦水盆地向东、向南厚度均趋减少。在嘉义县的山麓地带，锦水组被称为"沄水溪层"，岩性以深灰色页岩、砂质页岩为主，夹泥质砂岩，厚度可达450 m。

锦水组富含腹足、双壳类、珊瑚、有孔虫等化石。生物组合以浮游有孔虫 *Pulleniatina obliquiloculata*，*Globorotalia tumida tumida*，*Sphaeroidinella dehiscens* 和钙质超微 *Reticulofenestra minutulus*，*Discoaster pentaradiatus*，*Amanrolithus tricorniculatus*，*Gephyrocapsa* spp. 等化石的共生为特征，这些可与卜劳（1969）的N19—N21化石带或马丁尼（1971）的NN16—NN17化石带相对比，时代属上新世晚期。

卓兰组　$N_2Qp_1\hat{z}$　（71－0061）

【创名及原始定义】　"卓兰层"是鸟居敬造于1935年命名的地层（何春荪，1986），命名地点在苗栗县南部的卓兰镇，"卓兰层是在东势群的锦水页岩层和大茅埔层之间的地层，以砂岩为主，由页岩、砂质页岩、泥质砂岩，以及这些互层组成的柔软岩质，含有孔虫、*Ditrupa* 化石等"（石崎和彦，1942）。

【沿革】　"卓兰层"自1935年命名以来，沿用至今，1992年《台湾省区域地质志》更名为卓兰组。

【现在定义】　与其上覆的头嵙山组及下伏的锦水组均为整合接触关系，由一套巨厚的砂岩、粉砂岩、泥岩和页岩的互层组成，富含海胆、蟹、贝类及有孔虫等化石。

【层型】　陈培心、黄廷章等1977年在苗栗县后龙溪沿岸测有后龙溪剖面，可作选层型。

上覆地层：**头嵙山组**　砂岩与页岩

——————— 整　合 ———————

卓兰组　总厚度1 475.0 m

16. 页岩为主，中部夹砂岩　74.0 m

15. 砂岩与页岩互层　34.0 m

14. 页岩　100.0 m

13. 砂岩　32.0 m

12. 砂岩与页岩互层　80.0 m

11. 上部砂岩为主，下部为砂岩与页岩互层　45.0 m

10. 砂岩与页岩互层　120.0 m

9. 砂岩为主夹页岩　200.0 m

8. 砂岩与页岩互层　148.0 m

7. 掩盖　29.0 m

6. 砂岩与页岩互层	238.0 m
5. 掩盖	93.0 m
4. 砂岩与页岩互层	38.0 m
3. 砂岩	42.0 m
2. 掩盖	77.0 m
1. 砂岩与页岩互层	125.0 m

——————— 整　合 ———————

下伏地层：**锦水组**　深灰色页岩

【地质特征及区域变化】　卓兰组砂岩的单层厚可达 5 m，页岩单层厚约 0.2～0.5 m，由于两者的抗蚀力的不同，其互层出露地区，常形成单面山或猪背岭地形，成为本组的一个重要地貌特征。有些地区本组的上部夹薄层或透镜状砾岩，向上逐渐增多，过渡为头嵙山组，因而，卓兰组上部出现明显的砾岩层，可作为头嵙山组底部的标志层，为卓兰组与头嵙山组划分的界线。厚 1 500～2 500 m。

卓兰组主要分布于桃园至台南之间各县的山麓丘陵地带，其岩性自北而南砂岩成分逐渐减少，粒度变细，而深灰色页岩、粉砂岩和泥岩的成分逐渐增加且厚度也有所增大，台湾中部浊水溪以南的地区则变为以砂岩、页岩、泥岩为主的地层而被命名为不同的地层名称。在嘉义县的山麓地带，卓兰组被称为“六重溪层”，主要由泥质砂岩、深灰色页岩等组成。

卓兰组为一套以浅海相碎屑沉积为主的地层，富含多种海相化石，所含的钙质超微化石有 *Discoaster pentaradiatus*，*Coccolithus pelagicus*，*Cyclococcolithina macintyrei*，*Pseudoemiliania lacunosa*，*Helicosphaera sellii*，*Gephyrocapsa oceanica*，*G.* spp. 等，显示上新世晚期和更新世早期的特征，其组合可与马丁尼（1971）之 N17—NN19 化石带对比，卓兰组的时代置于上新世晚期至更新世早期。

【问题讨论】　台湾学者根据微体化石 *Globorotalia truncatulinoides* 的出现，结合古地磁研究，确定上新世与更新世界限大约为 1.8～2.0 Ma，一般定位于 1.86 Ma 左右，此次清理也暂作为两者之分界，确切界限尚有待于更多的地层学和古生物学的研究。

竹头崎组　$N_2\hat{z}$　(71-0060)

【创名及原始定义】　“竹头崎层”系何春荪于 1956 年调查竹头崎油田时所提出来的地层名称（何春荪，1986），命名地点位于台南县东南方向的南化乡竹头崎村，本层以灰色泥质砂岩为主夹暗灰色砂质页岩及灰色砂岩与页岩所组成之厚薄不一之互层，富含有孔虫化石。

【沿革】　“竹头崎层”自 1956 年命名以来沿用至今，现更名为竹头崎组。

【现在定义】　整合伏于北寮页岩之下、覆于茅埔页岩之上，其岩性以浅灰色泥质砂岩为主，夹暗灰色砂质页岩及灰色砂岩与页岩的互层，富含有孔虫及少量蟹、蛟鱼齿等化石。

【层型】　何春荪、张锡龄等于 1956 年在台南县龟丹溪沿岸测有龟丹溪剖面（张锡龄等，1957），可作为正层型，其分层如下：

竹头崎组	总厚度 750.0 m
20. 灰色泥质砂岩	22.0 m
19. 深灰色页岩	25.0 m
18. 深灰色页岩与薄砂岩互层	16.0 m
17. 深灰色页岩	98.0 m

16. 深灰色页岩与灰色致密砂岩互层	26.0 m
15. 深灰色致密砂岩	24.0 m
14. 深灰色页岩	22.0 m
13. 深灰色致密砂岩	46.0 m
12. 深灰色页岩	152.0 m
11. 深灰色页岩与薄层砂岩互层	62.0 m
10. 深灰色页岩	84.0 m
9. 深灰色泥质砂岩	10.0 m
8. 深灰色页岩	20.0 m
7. 灰色泥质砂岩	25.0 m
6. 深灰色页岩	12.0 m
5. 灰色泥质砂岩	15.0 m
4. 深灰色页岩	12.0 m
3. 深灰致密砂岩	30.0 m
2. 深灰色页岩	33.0 m
1. 灰色泥质砂岩	16.0 m

【地质特征及区域变化】 竹头崎组分布于台南至高雄县的山麓丘陵地带，厚度为500～750 m左右。富含有孔虫化石，主要有 *Operculina ammonoides*，*Rotalia subtrispinosa*，*Textularia* sp. 及 *Bigenerina* sp.，*Robulus* sp.，*Cyclammina incisa* 等，时代属上新世晚期。

北寮页岩 N_2Qp_1b （71－0063）

【创名及原始定义】 北寮页岩为何春荪1956年所创，命名地点位于台南县东南方向的南化乡北寮村。“本层主要由暗灰色或青灰色页岩及砂质页岩组成，间夹厚约2—5厘米之黄褐色泥质砂岩薄层，局部夹灰色粉砂岩及细砂岩页岩互层……含有孔虫及腹足类及单体珊瑚”（张锡龄等，1957）。

【现在定义】 北寮页岩整合覆于竹头崎组之上，其上为崁下寮组所覆，主要由灰—灰黑色页岩及砂质页岩组成，夹黄褐色薄层泥质砂岩，局部夹细砂—粉砂岩及其与页岩的薄互层，富含有孔虫、腹足类等化石。

【层型】 何春荪、张锡龄等1956年在台南县东南的龟丹溪沿岸测有龟丹溪剖面（张锡龄等，1957），可作正层型，分层如下：

北寮页岩	总厚度 1 092 m
22. 青灰色页岩与砂质页岩互层（未见顶）	
21. 青灰色砂质页岩	30 m
20. 青灰色页岩与砂岩互层	30 m
19. 掩盖	30 m
18. 砂岩与页岩互层	28 m
17. 掩盖	26 m
16. 黄褐色块状细砂岩	8 m
15. 砂质页岩夹砂岩或页岩	15 m
14. 掩盖	60 m
13. 青灰色砂质页岩	45 m

12. *Operculina* 带　5 m
11. 块状钙质砂岩　15 m
10. 青灰色砂质页岩　116 m
9. 掩盖　26 m
8. 黄褐色疏松中粒砂岩　20 m
7. 砂质页岩　8 m
6. 掩盖　22 m
5. 青灰色砂质页岩夹细砂岩　48 m
4. 暗灰色砂质页岩　30 m
3. 青灰色砂岩夹页岩　120 m
2. 黄灰色砂质页岩夹薄层砂岩　65 m
1. 深灰色致密砂质页岩　345 m

——————— 整　合 ———————

下伏地层：**竹头崎组**　砂岩与页岩

【地质特征及区域变化】　北寮页岩分布于台湾南部的台南—高雄之山麓丘陵地带，在台南县往南至高雄一带的北寮页岩变为以厚层块状泥岩为主的地层，被称为“古亭坑层”。厚度达 1 200 m。北寮页岩在地层层位上被认为与台湾中部的卓兰组相当，富含海相化石，主要有：有孔虫类 *Planulina hoppoensis*, *Eponides* sp., *Bigenerina* sp., *Robulus calcor*, *Operculina ammonoides*, *Rotalia indopacifica*；腹足类 *Turris* sp., *Turritella* sp.；双壳类 *Anadara* sp., *Venericardia* sp.，*Paphia* sp. 及单体珊瑚、螃蟹等，将其时代置于上新世晚期至更新世早期。

渔翁岛组　N_1Qpy　(71－0079)

【创名及原始定义】　“渔翁岛层群”首见于李绍章1960年的《台湾省澎湖县志（疆域志）》，指“构成澎湖群岛的主要地质，由数层熔岩流所形成之玄武岩，与玄武岩中间所夹之灰砂层而生成……在渔翁岛海水面上，得见清晰之三层玄武岩……”

【沿革】　林朝棨1976年曾引用“渔翁岛群”，但大部分台湾学者多称其为“澎湖火山群”、“澎湖火山岩”等，1975年何春荪称其为“澎湖玄武岩”，此次清理将其修订为渔翁岛组，关于“渔翁岛层群”的命名人，有待查证，命名时间当在《台湾省澎湖县志》修编之前，即1960年以前。

【现在定义】　渔翁岛组指大面积覆盖于澎湖列岛（除花屿外）之玄武岩及玄武质凝灰岩，夹粘土岩、凝灰质砂岩及灰岩，覆于细砂岩、粉砂岩，夹粘土岩、富含化石的灰岩之上，其上为松散砂砾、红土层等所覆。

【层型】　据周瑞燉对澎湖白沙岛通梁1号井（TL－1）的岩石学研究（可作为选层型），其层序如下（由上而下）：

上覆地层：海滨沙

总厚度 313 m

14. 玄武岩
13. 玄武质凝灰岩
12. 粘土岩
11. 灰岩
10. 粘土岩或泥岩
9. 紫苏玄武岩

8. 凝灰质砂岩
7. 玄武岩
6. 凝灰质粉砂岩
5. 玄武质凝灰岩
4. 砂质页岩或砂质泥岩
3. 含玄武质凝灰岩的粘土岩
2. 泥质砂岩
1. 紫苏辉石粗玄岩

下伏地层：砂岩夹粘土岩、灰岩

【地质特征及区域变化】 澎湖列岛除花屿外其余各岛屿几乎全被玄武岩流所覆盖，形成平顶台地，据通梁1号钻井资料，其总厚度达313 m，包含9次火山喷发形成的玄武质凝灰岩及玄武岩。

玄武岩具良好的柱状节理，一些玄武岩具发育的球状风化面，形成褐铁矿团块，表面常被分解为红土，新鲜岩石为深灰色致密块状或多孔状，大部分玄武岩具有各种斑晶结合的斑状结构。

据通梁1号钻井资料，渔翁岛组玄武岩的下伏地层是中新世沉积岩，且在玄武岩的沉积夹层（灰岩、页岩、泥岩）中含有“搬运化石”（或再沉积化石），其时代划属上新世—更新世，据陈正宏1990年资料，“利用K－Ar法测定了五个澎湖群岛的玄武岩样品，得到的结果为16.2 ± 0.8 Ma至8.2 ± 0.2 Ma之间，另有一个云母和一个角闪石伟晶，各为11.2 ± 0.3 Ma及13.2 ± 0.7 Ma，因此认为澎湖玄武岩的喷发时代主要应为中新世晚期而非上新世—更新世。”但考虑到渔翁岛组玄武岩之上为全新世的砂砾所覆盖，故暂定其时代为中新世晚期—更新世，其确切时代尚有待进一步研究。

第二节 问题讨论

中央山脉西翼地层小区中的第三系页岩和板岩过去曾分别命名有许多地层名称。早期的文献中把这套页岩和板岩系的全部皆称为“板岩系”，以后又划分为上、下两部。1929年市川雄一将西北部的页岩称为“乌来统”，包括2个群和6个层。

- 乌来统
  - 乡雁（高冈）群
    - 龟山层
    - 大桶山层
    - 粗窟砂岩
    - 干沟层
  - 梵梵（绷绷）群
    - 四棱砂岩
    - 西村层

除了“龟山层”和“粗窟砂岩”两个名称外，其余的四个地层名称均沿用至今。“龟山层”不是一个很确定的地层名称，因其定义含糊，对这一地层的叙述也过于笼统，在不同的地点可能代表不尽相同的地层单位，1986年何春荪将“龟山层”改用一个比较容易被接受的“澳底层”来代替它。这就是本书的澳底组。至于“粗窟砂岩”仅仅是“大桶山层”中局部地段砂岩或粉砂岩较发育的一个岩段。

1933年小笠原美津雄将靠东部的板岩称为“苏澳统”，“苏澳统”被认为时代较老，主要是根据它的岩性、变质程度和构造现象推测的。在中部，页岩和板岩在不同的地方被分别命名为“水长流层”（早坂一郎等，1936）及“埔里层”（大井上义近等，1928）。在恒春半岛北段被称为“潮州层”（六角兵吉等，1934），在高雄县又被定为“樟山层”（詹新甫，1964）。早期资料中对这些地层单位的层型剖面、上下地层界线、厚度以及地层对比等通常都不详细说明。上述这些地层名称或因同物异名，或因含义不确切而多未被采用。

值得讨论的是，台湾的地质文献中经常提到脊梁山脉带板岩系的中部及底部有三种不同的基底砾岩层，它们关系到地层单位的划分与对比。这三个砾岩层通常分别用M砾岩、E砾岩和N砾岩来表示。

颜沧波等（1956）对大南澳群变质岩系调查时，曾报道在变质基底和板岩系盖层的接触面上有薄层石英砾岩透镜体或层状的基底砾岩，并称这个砾岩为“M砾岩”。代表着基底与盖层间的不整合，可以视为南澳运动的证据。苏强等（1976）、杨昭男等（1985）和周瑞燉（1985）等人也持相同的看法。然而很多学者（詹新甫，1977；桥本亘、Hashimoto等，1975）指出在大部分地区不整合的野外证据并不很明确，在相当长的接触面上，“大南澳群”推覆在第三系的板岩之上。显然，“M砾岩”不能随处可见主要是这个沿着不整合面发育的断层改造的结果。尽管如此，“M砾岩”仍然是很有意义的，并无否定的必要。

据何春荪1986年称：“E砾岩”也是由颜沧波等人（1956）提出，被认为是白垩系“碧侯层”板岩与始新世板岩的底砾岩。他们在本砾岩的砾石中找到了两种白垩纪晚期到古新世的珊瑚化石，因而认定“E砾岩”以下的板岩属于白垩纪。可是张丽旭（1966、1970、1974）的古生物研究却发现在“碧侯层”的板岩中和“E砾岩”的填充物中有第三纪的有孔虫化石。此外，这些砾岩呈不连续的透镜体夹在板岩的不同层位中，而不作为分隔两个不同岩层的固定层位。张丽旭（1966）认为部分“E砾岩”可能属于层间砾岩，后来他又提出“E砾岩”可能相当于他所命名的“N砾岩”。张丽旭（1972）在南大武山的西坡发现庐山组底部的砾岩，称之为“N砾岩”，并认为它是庐山组和毕禄山组间的基底砾岩。在张氏所述地区的构造剖面中，这一段地层缺失，只用砾石层来代表，但是没有任何清晰的不整合关系；同时砾石层又缺少正式露头，多半是散落在山坡上的砾块。所以“N砾岩”的证据欠足。张丽旭（1972、1974）认为颜氏所指的“E砾岩”很多可以重新定名为“N砾岩”，甚至，任何位于庐山组与“大南澳群”之间的砾岩也都可以被认为是“N砾岩”，而不是“M砾岩”。

从上述讨论可以看出，“M”、“E”、“N”三种砾岩的情形相当复杂，尽管它们一度被不同学者作为划分地层或构造运动的证据。三种砾岩可能同时存在，也可能只存在两种甚至一种，不论哪种情形，都缺乏足以令人信服的证据。

西部山麓地层小区是台湾省第三纪地层最发育的地区之一，由于其中含煤、石油、天然气等矿产而为地质界和矿业界所重视，且交通较方便，故研究程度也较高，以中新统为主的地层具有三个沉积旋回，每一个沉积旋回都由一个滨海相含煤地层和一个浅海相碎屑岩地层组成，由下而上形成了代表三个旋回的野柳群、瑞芳群和三峡群三个地层单位。

由于台湾的构造活动频繁，沉积环境的差异，不同地区的岩性、岩相均有较大的变化，总的来看，本区第三系自北而南，页岩或泥质成分递增，砂岩减少，粒度变细，厚度增大，地层时代逐渐变新（图3-1）。渐新世以砂岩为主的五指山组分布于以基隆—台北—桃园一线的西北部，而在此线之东南部则相变为以页岩为主的蚊子坑组，至台湾中部（台中、南投一带）与其相当的地层为以页岩为主，夹砂岩、富含有孔虫及海绿石的粗坑组。中新世地层从北而南，在岩性、厚度上也均有较大的变化，较老的中新世地层在出露的剖面中，由北向南

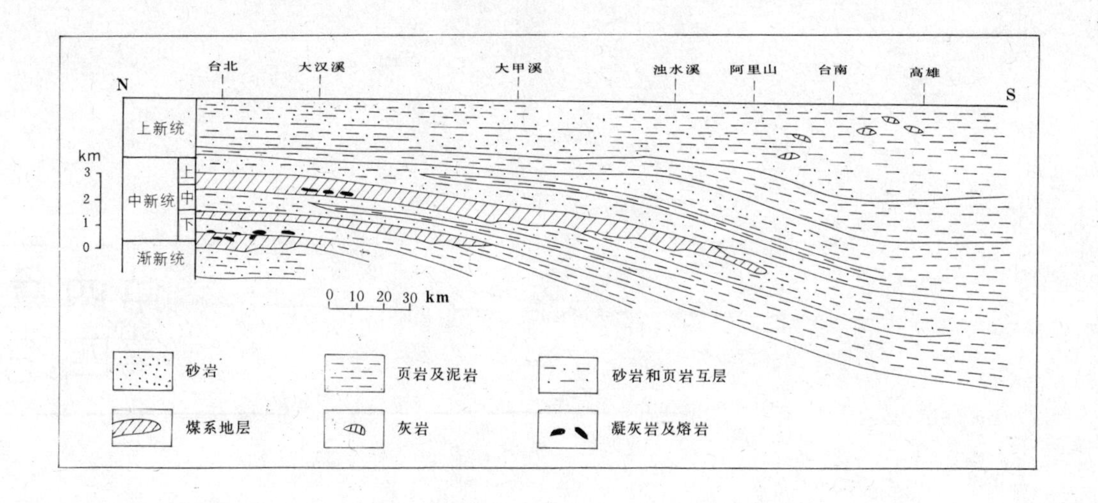

图 3-1　台湾西部中新统—上新统岩相与厚度由北而南之变化趋势图
（据何春荪，1986）

逐渐消失，也就是说剖面底部的中新世地层愈来愈年青，其厚度向南均有增加，北部的三个含煤地层却在不同的地点向南逐渐转变为海相的碎屑堆积。木山组含煤地层主要发育于基隆—台北一带，往南至苗栗一带，含煤层消失，而变为以细砂岩、页岩为主的海相地层；石底组含煤地层也主要发育于大甲溪以北地区，向南则煤层逐渐消失而变为海相地层。南庄组是台湾的重要含煤地层之一，台湾北部厚度为 600～700 m，煤层厚、层数也较多，至中南部的阿里山一带厚度可达 1000 m 以上，但煤层薄，延续性差，以致成为煤线，至阿里山以南，与其相当的地层全变为海相地层，不含煤。因此，北部三个明显的沉积旋回，到了中部和南部就全变为海相地层，且北部三个海相地层中的砂岩向南也大部分逐渐消失而渐变为厚度较大的页岩或泥质岩系地层。

上新世的锦水组、卓兰组，由海相碎屑岩组成，主要分布大汉溪以南的广大地区，由北向南，其厚度增大，粒度变细，页岩（泥岩）的成分增多，在台湾北部，其厚度约 2000 m，到了台湾南部，厚度增加到 4000 m 左右，在浊水溪以南，以页岩、粉砂—细砂岩的互层为主，再向南，页岩相逐渐替代了砂岩相，台南县以南地区，变为以泥岩为主的地层。

因而，西部山麓小区的地层从北而南，随着岩性、岩相的变化，也出现了不同名称的岩石地层单位（表 1-2）。

北港-澎湖地层小区的第三纪地层均埋伏于地下，随着台湾石油地质的开展，地质学者对其进行了不同程度的工作。1963 年黄敦友对云林县北港三号钻井地下地层所含浮游有孔虫化石进行了研究，并提出了“嘉义层”、“褒忠层”、“水林层”，其时代分别置于更新世、上新世及中新世。史太克于 1958 年提出了“北港层”，但其岩性组合、上下层位的接触关系、地下分布特征及其与地下、地表相当层位的对比等，均有待于进一步研究，故此次地层清理中未将其列入“建议采用的岩石地层单位”。

第四章
第四纪

台湾省第四纪地层大部分分布于台湾西部山麓以西的低缓山丘及滨海平原地带，少部分零星分布于恒春半岛、宜兰平原、台东纵谷及一些山间谷盆和外海岛屿等地，沉积类型齐全，海相、海陆交互相、河相、湖相、沼泽相和洞穴堆积等均有发育，在地形上组成不同高度、不同类型的台地、阶地和平原。

台湾第四系可划分为更新统和全新统两部分。更新统主要由泥岩、粉砂岩、砂岩、砾岩及一些松散岩石和石灰岩礁等组成，总厚度在1 500～2 000 m以上。全新统主要由松散的泥、砂、砾石和珊瑚礁等组成，总厚度不超过200 m。本次清理的对象是下—中更新统已成岩的第四纪地层。通过地层清理研究，本断代除台湾东部地层区外，共有6个岩石地层单位。其中头嵙山组、崁下寮组、二重溪组、六双组、大南湾组分布于西部山麓地层小区中，恒春石灰岩则分布于中央山脉西翼的恒春半岛。

第一节　岩石地层单位

头嵙山组　$Qp_{1-2}t$　(71－0068)

【创名及原始定义】　头嵙山组源自林朝棨于1933年所命名的“头嵙山层群”，命名地点位于台中县丰原镇东南11 km的头嵙山。“头嵙山统被区分为上下两部，下部（砂岩、页岩互层，夹砾岩薄层）称为通霄层，上部（砾岩）称为火炎山层。”（林朝棨，1960）。

【沿革】　“头嵙山层”沿用至今，但在一些旧文献中，曾有“头嵙山砾岩”、“头嵙山群”、“头嵙山统”等名称，1992年编制《台湾省区域地质志》时更名为头嵙山组。

【现在定义】　由砂岩、页岩、泥岩和砾岩组成，下部为砂岩、页岩及其互层，夹薄层砾岩及石灰岩礁，富含海相、陆相化石，上部为厚层块状砾岩夹砂岩、薄层页岩，与其下的卓兰组为整合接触，与上覆的中—晚更新世或全新世地层为不整合或平行不整合接触关系。

【层型】　郝骙、萧宝忠在苗栗县通霄镇的乌眉坑测有乌眉坑—南窝剖面（郝骙等，1957），可作为选层型，其分层如下：

头嵙山组上部　厚层砾岩

——————— 整　合 ———————

头嵙山组下部	总厚度＞780 m
17. 砾岩夹砂岩	＞40.0 m
16. 深灰色页岩夹泥质砂岩、粗砂岩及中层状砾岩	34.0 m
15. 深灰色页岩与棕灰色块状砂岩互层，夹中层状砾岩	81.5 m
14. 灰、深灰色砂质页岩与黄灰色泥质砂岩、松散砂岩互层	166.0 m
13. 褐—黄灰色松散砂岩与页岩互层	28.5 m
12. 灰色泥质砂岩与深灰色砂质页岩互层，夹黄灰色松散粗砂岩	115.0 m
11. 深灰色页岩，含双壳类及单体珊瑚 *Hetropsammia* sp. 等	30.0 m
10. 深灰色块状中—细粒砂岩夹页岩	29.5 m
9. 黑灰色页岩	15.5 m
8. 灰色中—粗粒砂岩与深灰色砂质页岩互层，夹页岩	19.5 m
7. 深灰色泥质砂岩、砂岩夹灰色页岩	27.0 m
6. 灰、黄灰色砂岩、泥质砂岩，夹黑灰色页岩	53.5 m
5. 灰色块状细砂岩夹页岩	20.0 m
4. 灰、黄灰色中、细粒砂岩和深灰色页岩、砂质页岩互层，夹深灰色泥质砂岩	47.0 m
3. 砂岩与页岩互层，以砂岩为主	35.0 m
2. 深灰色块状砂质页岩	14.0 m
1. 灰—黄灰色松散状中—粗粒砂岩，夹深灰色页岩	24.0 m

——————— 整　合 ———————

下覆地层：**卓兰组**　粉砂岩、砂质页岩、泥岩

【地质特征及区域变化】　头嵙山组的下部广泛分布于西部山麓地带，组成低缓山丘和河谷阶地，以砂岩、页岩及其互层为主，砂岩较松散，具交错层理，偶含漂木碎块，所夹的石灰岩礁，由有孔虫、钙质藻类、珊瑚和贝类组成，厚 300～2 000 m 不等，头嵙山组上部只在台湾中部大甲溪和西螺溪间有良好的发育，为巨厚层块状砾岩，夹砂岩、粉砂岩和薄层页岩，具交错层、波痕，砾岩中砾石的分选性差，圆—次圆形，以沉积层为主，石英和杂砂岩占 50%，胶结物以细砂为主，厚度在滨海平原仅 100 m，由西向东厚度增大，在台中至嘉义的山麓带厚度可达 1 000 m。

头嵙山组的上、下部为渐变过渡关系，巨厚层状的砾岩往往可相变为砂岩、页岩。

头嵙山组下部的砂岩、页岩在台湾中北部的新竹、苗栗一带被称为“杨梅层”和“通霄层”，此两者均为青灰色砂岩、粉砂岩和页岩组成，夹少量薄层砾岩；在台湾北部头嵙山组由灰色砂岩、青灰色凝灰质砂岩、页岩和薄层砾岩组成，被称为“观音山层”。

头嵙山组的砂、页岩中富含化石，种类繁多，除哺乳动物、钙质超微、有孔虫和介形虫外，尚有螃蟹、双壳类、棘皮、苔藓和造礁珊瑚等，哺乳动物主要包括 *Stegodon* cf. *sinensis*, *Elephas* cf. *trogontherii*, *E. indicus*, *Sus* sp., *Bibos geron*, *Cervus* (*Sika*) *taiouanus*, *Cervus* (*Deperetia*) *kazusensis*, *Rhinoceros* cf. *sinensis*, *Felis* sp., *Tragoceras*? sp. 等森林和沼泽地带的动物群，时代属更新世早期，钙质超微化石包括 *Pseudoemiliania lacunosa*, small *Gephyrocapsa* spp., *Gephyrocapsa oceanica*, *Emiliania ovata* 等，相当于马丁尼（1971）的 NN19 化石带，有孔虫以 *Globorotalia truncatulinoides* 化石带为主，包括浮游有孔虫 *Globorotalia truncatulinoides*, *G. tosaensis*, *Globigerinoides sacculiferus*, *Globigerina inflata*, *G. subcretacea* 以及底栖有孔虫 *Elphidium taiwanum*, *Ammonia annectens*, *Asterorotalia*, *Sigmoidella subtaiwa-*

nensis 等，这些有孔虫组合相当于卜劳（1969）的 N22 化石带，介形虫大部分属潮间带的化石组合，其主要分子包括有河口相的 *Puriana gibba*，*Leguminocythereis taiwanensis*，*Perissocytherides haha*；泻湖相的 *Callistocythere ovata*，*Neocytherella branchia*；岩礁相的 *Hemicytherura trinerva*；外潮相的 *Cytheropteron rhombea* 和内潮相的 *Schizocythere taiwanensis* 等，螃蟹目主要有 *Charybdis orientalis*，*Typhlocarclnus taiwanicus* 等，这些古生物组合特征表明，头嵙山组的时代主要为早更新世，同时也可反映出头嵙山组的河相、滨海相和浅海相的沉积环境特征。

【问题讨论】 分布于台湾北端的头嵙山组曾被称为“观音山层”，但有人认为（何春荪，1986）“观音山层”有相当于“大南湾层”的可能，这些问题有待于进一步研究。

崁下寮组　$Qp_{1-2}k$　（71－0070）

【创名及原始定义】 崁下寮组系沿袭史太克 1957 年所命名的“崁下寮层”，命名地点位于台南县东的崁下寮村。“本层系以上部之页岩段为主，下部之砂岩段及底部砾石组成。”

【沿革】 “崁下寮层”自 1957 年命名以来一直沿用，现更名为崁下寮组。

【现在定义】 位于二重溪组之下、覆于六重溪组之上，由砂岩与页岩的互层组成，上部以页岩为主，下部以砂岩为主，含有孔虫化石，底部的砂岩中含砾石，与上下关系均为平行不整合。

【层型】 1955 年邱华灯于台南县东崁下寮村测有台南县崁下寮组剖面（张锡龄，1963），可作为正层型，其分层如下：

上覆地层：**二重溪组**　灰色中—粗粒砂岩

——————— 平行不整合 ———————

崁下寮组　　总厚度 540 m

9. 深灰色页岩和砂质页岩　254 m
8. 无出露　90 m
7. 灰色页岩　16 m
6. 无出露　24 m
5. 灰色页岩　60 m
4. 灰色细—中粒砂岩　12 m
3. 灰色页岩　30 m
2. 灰色中粒砂岩夹薄层页岩　45 m
1. 含砾砂岩　9 m

——————— 平行不整合 ———————

下伏地层：**六重溪组**　深灰色页岩

【地质特征及区域变化】 崁下寮组主要分布于嘉义县至台南县新营的山麓地带，向北砂岩有所增多。厚度 540～1 000 m。

崁下寮组产有孔虫等化石，1963 年张锡龄将崁下寮组划属上新统上部，二重溪组划属上新统—更新统，而 1986 年，何春荪将其划属更新统，目前我们暂按何春荪的意见，将其置于更新世早—中期。

二重溪组　$Qp_{1-2}e$　（71－0071）

【创名及原始定义】 二重溪组沿袭史太克 1957 年所命名的“二重溪层”，命名地点位于台南县（新营）东南方的二重溪村。“本层系以砂质页岩及页岩为主，中部夹薄层砂岩”。

【沿革】　“二重溪层”自1957年命名以来沿用至今，现更名为二重溪组。

【现在定义】　本组位于六双组之下，覆于崁下寮组之上，岩性以砂质页岩和页岩为主，中部夹砂岩，富含有孔虫化石。

【层型】　1955年邱华灯于台南县东偏南的二重溪村测有二重溪组剖面（张锡龄，1963），可作正层型。其分层如下：

上覆地层：**六双组**　棕色松散状粗粒砂岩

——————— 平行不整合 ———————

二重溪组　总厚度440 m

6. 灰色砂质页岩	70 m
5. 灰色泥质砂岩	84 m
4. 灰色薄层状页岩与灰白色中粒砂岩互层	182 m
3. 灰色页岩	40 m
2. 无出露	56 m
1. 灰色中粗粒砂岩	8 m

——————— 平行不整合 ———————

下伏地层：**崁下寮组**：暗灰色砂岩与页岩

【地质特征及区域变化】　分布于嘉义县至台南县新营等地的山麓地带，向北砂岩增多。厚440 m。

二重溪组产有孔虫化石，1986年何春荪将其与头嵙山组对比，时代置于早—中更新世。

六双组　$Qp_{1-2}l$　(71－0072)

【创名及原始定义】　六双组系沿袭张锡龄1962年所命名的“六双层”，命名地点位于台南县官田乡六双村，“本层厚度1 000米，岩性以暗灰色泥岩和页岩，具粗、中至极细粒砂岩，粉砂岩互层为主要特征，也含漂木碎块。”（张锡龄，1963），与下伏的二重溪组为整合接触，与上覆地层为不整合接触。

【沿革】　“六双层”自1962年命名以来沿用至今，现更名为六双组。

【现在定义】　六双组由灰—深灰色泥岩和页岩组成，夹砂岩与粉砂岩的互层及少量厚层砂岩，含丰富的有孔虫化石，其下与二重溪组为整合接触关系，其上为第四系沉积阶地。

【层型】　黄立胜于1961年在台南县官田乡六双坑村测有六双组剖面（张锡龄，1963），为正层型，其分层为下：

上覆地层：**第四系**　沉积阶地

~~~~~~~~~ 不　整　合 ~~~~~~~~~

六双组　总厚度1 045.0 m

20. 深灰色页岩夹褐灰色松散状含砾细—中粒砂岩	48.5 m
19. 灰色松散状细砂、粉砂岩	8 m
18. 褐灰色松散状中—粗粒砂岩，部分含砾	14 m
17. 深灰色页岩	14 m
16. 深灰色块状细砂岩	4 m
15. 浅灰色细砂岩，夹钙质砂岩，含 *Ostrea* sp. 化石带	36 m
~~~~~~~~~

14. 深灰色泥岩、粉砂岩，夹薄层页岩	32 m
13. 深灰色页岩	6 m
12. 灰—黄灰色粉砂岩夹砾岩和页岩，含软体动物化石带	17.5 m
11. 深灰色页岩，上部含 *Ostrea* sp.，中部含碳质	60 m
10. 深灰色粉砂岩、泥岩	30 m
9. 深灰色页岩夹粉砂岩	55.5 m
8. 深灰色泥岩夹浅灰色细砂岩	19 m
7. 灰色松散状中粒砂岩，含漂木碎块	38 m
6. 深灰色泥岩和页岩，上部含软体动物化石，中部夹一层深灰色细砂岩及一层 *Turritella* sp.，从中部向下夹 6 层 *Placenta* sp. 化石	464 m
5. 深灰色页岩和泥岩，夹数层黄灰色松散状细砂岩及三层软体动物化石带，上部为 *Turritella* sp.，中部为 *Ostrea* sp.，下部为 *Placenta* sp.	67 m
4. 黄灰色细砂岩	60 m
3. 深灰色泥岩，部分过渡为细砂岩	35 m
2. 深灰色块状细砂岩	3.5 m
1. 深灰色泥岩，上部夹 *Turritella* sp. 化石带	33 m

——————— 整 合 ———————

下伏地层：**二重溪组**　深灰色松散状细—中粒砂岩

【地质特征及区域变化】　主要分布于嘉义县至台南县新营的山麓地带。向南，于台南的玉井乡附近的六双组为页岩与泥岩，被称为“玉井页岩”。厚度 1 040 m。

六双组产有孔虫化石，何春荪（1986）将其时代置于早—中更新世。

恒春石灰岩　$Qp_{1-2}h$　（71-0075）

【创名及原始定义】　恒春石灰岩首先由六角兵吉和牧山鹤彦（1934）所命名，（据石崎和彦，1942）。泛指恒春半岛内除目前位于海岸边隆起珊瑚礁之外的所有石灰岩，“从岩相上可划分为两种，一种是有孔虫石灰岩，另一种是富有空隙坚硬致密的珊瑚石灰岩”（石崎和彦，1942）。本层不整合于“恒春层”和“四沟层”之上，又被“鹅銮鼻砂砾层”不整合覆盖。

【沿革】　“恒春石灰岩”一名在台湾的地质文献中一直被沿用。

【现在定义】　恒春石灰岩是以生物礁为主，由多种生物的遗骸组成，主要岩性为珊瑚或石灰藻生物岩、珊瑚碎块或红藻球泥质砾岩、生物泥质砂岩、有孔虫晶质砂岩、钙质砾岩，可能不整合于马鞍山组和垦丁组之上。

【地质特征及区域变化】　恒春石灰岩主要分布在恒春镇的东南，鼻子头东的台地、马鞍山、龟子角、垦丁公园和鹅銮鼻等地。向北还可以分布到高雄县的寿山和凤鼻头。厚数米至数十米，最厚 100 m。

恒春石灰岩中的生物遗骸包括珊瑚、有孔虫、贝类和石灰藻类，它们大部分聚集在石灰岩层的下部。石灰岩为灰白色至乳白色，致密块状，或多孔隙，还有许多溶穴。

【问题讨论】　陈文山、李伟彰（1990）认为，石灰岩在恒春半岛上的分布非常广泛，且从其分布的石灰岩平台高度与定年资料来看，可能是由不同时代的生物礁或生物碎屑堆积而成，为了能了解西恒春台地的沉积历史有必要细分成不同的地层单位，陈氏建议将恒春石灰岩扩大为“群”的岩石地层单位，因此将西恒春台地之上的石灰岩，细分为“万里桐层”与“关山石灰岩”。

由于陈氏没有详细说明恒春石灰岩定年研究的结果，石灰岩平台存在的高度差别也可能是后期差异性升降所致，所以本书没有采用他们提出的新地层名称。

大南湾组 Qp_2d （71－0078）

【创名及原始定义】 大南湾组系沿袭牧山鹤彦于1934年所创的“大南湾层”，命名地点位于台北县林口乡大南湾。“为浅灰—灰色砂质页岩和砾岩互层，厚达159 m，构成台地基底”（石崎和彦，1942）。

【沿革】 “大南湾层”自1934年命名以来沿用至今，1992年《台湾省区域地质志》更名为大南湾组。

【现在定义】 主要为浅灰色中—厚层状细砂岩、粉砂岩、页岩和泥岩的互层，偶夹透镜状或不规则团块状砾岩，下部为厚层块状粗粒石英砂岩，含底栖生物群，包括有孔虫、双壳类和造礁珊瑚等，其与下伏的头嵙山组多具角度不整合，与上覆的晚更新世或全新世地层大部分为平行不整合或不整合接触关系。

【地质特征及区域变化】 大南湾组中的厚层细砂岩，其单层厚0.5～4 m，层理不显，胶结较差，岩石松散易碎，其下部的厚层石英粗砂岩，具明显的交错层，大南湾组在岩性上与分布于台北一带的头嵙山组（“观音山层”）很相似，但大南湾组的产状平缓，而“观音山层”的产状较陡，其倾角在20°～70°之间，这是野外区分大南湾组与“观音山层”很重要证据。

大南湾组的分布仅限于台北县林口台地西部，所含化石包括有孔虫 *Elphidium taiwanensis*，*E. advenum*，*Ammonia beccarii*，*Textularia candeinan*，*T. foiiacea oceania*，*Siphotextularia concava*，*Quinqueloculina agglutinans*，*Q. seminala*，*Spiroloculina grateloupi*，*Operculina granulosa*，*Buliminella elegantissima*，*Bolivina robusta*，*B. striatula*，*Pseudorotalia indopacifica*，*Globigerina bulloides*，*G. rubra*，*Cibicides lobatulus*；双壳类 *Terebra subvariegata*，*Drilla pseudoprincipalis*，*Surcula javana*，*Oliva mustellina*，*Ostrea gigas* 以及造礁珊瑚等。据此，其时代为更新世中期。

第二节 问题讨论

西部山麓地带的下—中更新统头嵙山组主要发育于台湾中部的台中、苗栗、彰化及南投等县的山麓丘陵地带，下部以砂页岩为主，上部以砾岩为主，其间为渐变或相变关系，其在各地的岩性与厚度均有较大的变化。因而使用不同的岩石地层单位名称，往北在新竹、苗栗一带，主要为砂岩与页岩，夹薄层砾岩，分别称为“杨梅层”和“通霄层”，往南，在台湾省中南部、南部的嘉义、台南、高雄等地，与头嵙山组层位相当的地层被分别称为崁下寮组、二重溪组、六双组、“玉井页岩”等岩石地层单位名称，其岩性为砂岩、页岩等，未见砾岩，其厚度达1 000 m以上，而于南部的高雄、屏东一带出露的“六龟层”则由厚层砾岩及砂岩、页岩等组成，伏于六双组之下 。由于不同地区，第四系岩性、岩相变化等的差异而各有不同的地层名称，其划分对比，尚有待进一步研究。

第五章
台湾东部地层区

台湾东部地层区位于“台东纵谷”以东的地区，东濒太平洋，为菲律宾地层大区的一部分，出露有第三纪及第四纪地层，通过地层清理研究，建议采用的岩石地层单位有5个，其中属第三纪的有都峦山组、大港口组、利吉组等3个岩石地层单位；属第四纪的有卑南山组和米峇组等2个岩石地层单位。

第一节 岩石地层单位

都峦山组 N_1dl (71-0047)

【创名及原始定义】 都峦山组源自大江二郎1939年命名的“都峦山层凝灰岩”，命名地位于台东县北约16 km的都峦山附近，“以层凝灰岩为主有时夹有薄层砂岩、石灰岩等，层凝灰岩属安山质。”(石崎和彦，1942)。

【沿革】 1956年徐铁良将其命名为“都峦山层”(何春荪，1986)，《台湾省区域地质志》(1992)更名为都峦山组。

【现在定义】 由安山质集块岩、分选性差的火山砾岩和凝灰质砂岩，以及少量玄武岩和石英安山岩组成。其与下伏的“奇美火成杂岩”和上覆的大港口组关系不明。

【地质特征及区域变化】 都峦山组通常由下部的安山集块岩向上逐渐转变为以凝灰质砂岩和火山砾岩为主，这种变化在花莲县富里和台东县成功一带尤为明显。

都峦山组广泛出露在海岸山脉中段，并向南北两侧延伸，几乎纵贯整个海岸山脉，其分布范围约占海岸山脉总面积的一半。在不同地区的岩性变化较大：在海岸山脉的中央部分多为火山碎屑岩；海岸山脉南部则火山集块岩特别发育；海岸山脉东面港口、成功与东河等地火山集块岩上有透镜状石灰岩，它被张丽旭(1967)称为“港口灰岩”，厚数厘米至大于10 m，最厚达50 m，由白色到黄色的生物碎屑灰岩局部夹火山砾岩组成。关于“港口灰岩”后面还会讨论。本组估计厚1 000～1 500 m，局部达2 000 m以上。

都峦山组上部再积性火山碎屑岩中发现 *Discoaster quinqueramus*，*Sphaeroidinella dehiscens*，显示其沉积年代为中新世晚期至上新世早期。喷发性火山岩形成于中新世早期至中新世晚期。

“港口灰岩”中发现超微化石 *Pseudoemiliania lacunosa* 和浮游性有孔虫化石 *Sphaeroidinella dehiscens* 以及 *Globorotalia tosaensis*。显示此灰岩的沉积与生成年代从上新世早期至上新世晚期（陈文山等，1990）。

大港口组　N_2Qp_2d　（71－0067）

【创名及原始定义】　徐铁良（1956）最早命名“大港口层”，地点在海岸山脉中部的秀姑峦溪边的大港口村。指海岸山脉发育的一套巨厚的含有火山岩质的碎屑岩系。

【沿革】　最早徐氏将这岩系分为两个岩层组合，在下部的是砾岩-页岩-砂岩组合，名“大港口层”；在上部的是页岩—砂岩组合，名“奇美层”。以后毕庆昌（1969）认为这两个地层是渐变的，没有清楚的界线存在，其区分只能反映局部地区中同一沉积的岩相变化而已，所以他认为在区域地质研究上不如把这两个地层合并为一个地层，称为“大港口层”。十余年以后，邓属予（1981）主张把“大港口层”重新再由一个地层分为两个地层，并主张废除“大港口层”，将之分为下部的“蕃薯寮层”和上部的“八里湾层”。邓氏把“大港口层”一分为二，得到台大地质系师生的支持，但是也有许多台岛内外学者持不同的看法或相反的意见（何春荪，1990）。

本书仍沿用毕庆昌（1969）的定义，1992 年《台湾省区域地质志》将其名称更改为大港口组。

【现在定义】　由页岩、砂岩、砾岩和火山碎屑岩组成。与下伏的都峦山组和上覆的卑南山组关系不明。

【地质特征及区域变化】　本组在不同地区岩性变化较大：在海岸山脉南部，多为深灰色泥岩、粉砂岩和厚薄不一的砂岩，局部夹含砾泥岩及倾泻岩块，后者产状和以后要讨论的利吉组混杂岩者相似。倾泻岩块中有蛇绿岩屑及含中新世化石的沉积岩屑。在海岸山脉的北部，本组的主要岩性为粉砂岩及泥岩，偶夹薄层砂岩，但在岩层的中部及上部有由不同岩类组成的厚层砾岩，厚度可达数百米。砾石成分大部为板岩及变质砂岩，也有少量的蛇绿岩及安山岩碎片。厚度 3 000～4 000 m。

本组有发育良好的浊流沉积构造，特别是下部的砂岩，常具粒级层序构造、底痕和崩移滑动构造。

大港口组是台湾东部第三系中的一个主要地层单位，广泛分布在花莲县和台东县海岸山脉一带，尤以花莲县境内更为发育。

大港口组中含有大量的有孔虫和钙质超微化石。有孔虫化石以浮游有孔虫为主，包括 *Globigerina nepenthus*，*Globorotalia tumida*，*Pulleniatina obliquiloculata*，*Sphaeroidinella dehiscens*，*Globorotalia tosaensis*，*Globorotalia crassaformis* 等；黄敦友（1964）根据 *Globorotalia crassaformis*，*G. truncatulinoides*，*Pulleniatina obliquiloculata*，*Pararotalia taiwanica* 的普遍存在，认为其生物群特征与台湾西部山麓地区的上新世地层相似，地质时代可能为上新世—更新世。本区的主要钙质超微化石为 *Reticulofenestra pseudoumbilica*，*Sphenolithus abies*，*Pseudoemiliania lacunosa*，*Gephyrocapsa* spp.，*Gephyrocapsa oceanica*，*Discoaster quinqueramus* 等，纪文荣（1981）认为大港口组的时代为上新世早期—更新世中期，化石组合大部分可与马丁尼（1971）之 NN16—NN20 化石带相对比，但在北部本组下部的局部地层可能达到马丁尼（1971）之 NN12 化石带。综上所述，大港口组的时代应为上新世早期—更新世中期，部分可能下延至晚中新世晚期。

利吉组　N_2Qpl　（71－0058）

【创名及原始定义】 大江二郎（1939）最早命名“利吉层”，命名地点位于台东县北偏西约 8 km 处的利吉村。徐铁良 1956 年调查的“利吉层”，指当地常夹有各种外来岩块的泥岩层。

【沿革】 “利吉层”在台湾的地质文献中一直被沿用，只是对其成因有所争论，本书依其混杂岩特征更名为“利吉组”。

【现在定义】 利吉组为典型的混杂岩，主要由混乱的深灰色巨厚层泥岩和大量散布在泥岩中的外来岩块和碎片组成，厚度各地不一。

【地质特征及区域变化】 本组的泥岩充填物缺乏明显的层理，而且显得非常杂乱，具有复杂的错动和剪切而生成的致密的鳞片状片理构造。外来岩块大部分为砂岩、基性和超基性岩块，还有少量的粉砂岩、页岩、泥岩碎片、石灰岩、砾岩及安山集块岩等小岩块。这些外来岩块直径大部分约数米，小者仅如豆粒，少数巨大岩块则可达到 1 km^2 或更大。外来岩块中最特殊的是基性和超基性的岩块，这些岩石有橄榄岩、辉长岩、蛇纹岩、辉绿岩、斜长花岗岩及玄武岩等蛇纹岩系的成分。最大的蛇纹岩露头在关山附近，长约 3.5 km，宽大于 1 km。该蛇绿岩系的底层以由辉长岩、辉绿岩和橄榄岩等组成的角砾岩为代表，角砾岩之上覆盖一层可能代表海洋地壳表面部分的红色页岩，夹玻璃质枕状玄武岩和火山角砾岩。大部分外来岩块具有擦痕，以及受剪切和倒转现象。该组厚度至少在 1 061 m 以上。

利吉组的成因主要与板块的俯冲和弧陆碰撞作用有关。中新世早期，南中国海板块俯冲到菲律宾海板块之下时，即开始产生俯冲性质的混杂岩；至上新世以后，弧-陆碰撞过程中，于缝合带中产生一系列碰撞性质的混杂岩，同时也有崩移作用的倾泻层形成。

利吉组主要分布在海岸山脉南部，从花莲县玉里，向南延伸到台东县北侧，长约 70 km，宽 2～3 km。

张丽旭（1967）最早研究利吉组之有孔虫化石，发现 *Sphaeroidinella dehiscens* 带的有孔虫化石组合，认为其时代可能属上新世早期至晚期，其中部分含有中新世的移置化石。纪文荣等（1982）对钙质超微化石的研究，认为本组中混合化石时代可以从渐新世一直到上新世中期。陈文山（1990）指出，代表较年轻的化石，如 small *Gephyrocapsa*，*Pseudoemiliania lacunosa* 与 *Gephyrocapsa oceanica* 均表示其年代可追溯至更新世，并认为至少利吉组的一部分应该在晚更新世早期之后因碰撞作用部分岩层被构造混杂而形成，因此其形成的时代应延伸到更新世。

卑南山组　Qp_2b　（71 - 0076）

【创名及原始定义】 卑南山组源自大江二郎 1939 年所命名的“卑南山砾岩”，命名地点为台东县西北约 7 km 的卑南山。“这是一个厚的砾岩层，是海岸山脉中最新的地层单位。”（何春荪，1986）。

【沿革】 1992 年福建省地质矿产局编制《台湾省区域地质志》时改称为卑南山组。

【现在定义】 其岩性主要为厚层砾岩，夹少量薄层页岩，其与下伏的大港口组和上覆的米仑组可能为平行不整合或不整合接触关系。

【地质特征及区域变化】 卑南山组主要分布于海岸山脉的西南部，出露在台东县城以北 7～15 km 间，沿卑南大溪分布，主要出露于卑南大溪的下游，层理及分选性均较差，砾岩中之砾石成分大多源自中央山脉的变质砂岩、石英云母片岩、千枚岩、板岩、大理岩、石英脉等及少量的安山岩、辉长岩、蛇纹岩，砾石直径为 5～15 cm。本组总厚度约为 500～3 000 m。

卑南山组中发现的化石都是属于再沉积的化石。纪文荣 1983 年在本组的页岩夹层中发现与大港口组和利吉组相似的钙质超微化石，包括有 *Sphenolithus abies*，*Reticulofenestra pseudoumbilica*，*Dictyococcites hesslandii*，*Coccolithus pelagicus*，*Discoaster brouweri* 等，认为它们主要是由大港口组和利吉组搬运来的再沉积化石，相当于马丁尼（1971）的 NN15—NN17 化石带，时代属上新世，但卑南山组位于大港口组和利吉组之上，大港口组的时代已延续到更新世早期，故位于其上的卑南山组的时代应比它们新，可能为中更新世早期。

米言组　Qp_2m　（71－0077）

【创名及原始定义】　米言组源自宇佐美卫 1939 年命名的“米言砾岩层”（石崎和彦，1942），命名地点位于花莲市北约 2 km 的美言村。“米言层由块状层理不良的砾岩组成，……砾岩中含有半炭化的漂木和砂及砂质页岩的互层，……至少有 350 公尺厚”（何春荪，1986）。

【沿革】　米言组曾被称为“米言鼻砾岩”（林朝棨，1963）等，1986 年何春荪称“米言层”，1992 年《台湾省区域地质志》改称为米言组。

【现在定义】　米言组由层理不显的块状砾岩组成，夹粗粒至细粒的砂岩和砂质页岩，其上为较新之砾石层不整合覆盖。

【地质特征及区域变化】　米言组仅分布于花莲县的美言和瑞穗两地，其分布总面积约 500 m^2 左右。

米言组含半炭化的漂木，砾岩中的砾石成分主要为由其西侧中央山脉搬运而来的石英岩、绿色片岩、黑色片岩、大理岩等各种变质岩，砾径约 10～20 cm，在砂质页岩的夹层中含超微化石等，本组的厚度在美言村附近在 350 m 以上。

米言组的页岩夹层中富含钙质超微化石，以小型 *Gephyrocapsa* spp. 和 *G. oceanica* 为主，其次为 *Cyclococcolithina leptopora*，*Umbilicosphaera* sp. 等，以及少量的再沉积化石（纪文荣，1983）。木化石群中以 *Gephyrocapsa* 占有绝对优势，相当于马丁尼（1971）的 NN20 化石带，其时代为中更新世晚期。

第二节　问题讨论

1. 关于都峦山组的不同含义

在海岸山脉中段秀姑峦溪下游奇美村附近，出露面积大约 22 km^2 的火成杂岩体，被称为“奇美火成杂岩”（何春荪，1986），主要由安山质的岩流和火山碎屑岩组成，也包括玄武岩、闪长岩和多种岩脉在内。一般认为，这个火成杂岩是伏于都峦山组之下。但是陈正宏（1990）、邓属予等人将“奇美火成杂岩”归入都峦山组，而且把大港口组，包括“港口灰岩”以及绿岛和兰屿的火山岩在内也一并划入都峦山组，统称“都峦山层”。这样，同一个“都峦山层”就有两种不同的含义。广义的“都峦山层”注重岩浆演化序列，即由底部向上部从火成杂岩→火山角砾质岩→浅色凝灰岩→石灰岩→凝灰岩与页岩互层的序列。从这个角度来看，将海岸山脉以及兰屿和绿岛的所有中新世—上新世—更新世的侵入—喷发产物视作一个岩石地层单位似乎无可非议。但是，狭义的“都峦山层”以及“大港口层”，是不同阶段不同构造背景的产物。都峦山组和其下的“奇美火成杂岩”乃是因南中国海板块在中新世向东俯冲至菲律宾海板块之下，于菲律宾海板块西缘产生一系列岛弧火山之火山岩；而大港口组是弧陆碰撞作用大规模地进行，使大量的陆源物质沉积于火山岛弧周围盆地，在上新世至更新世时期生成巨厚的深海沉积物。既然两者在时代、成因和建造内容上有诸多差异，从岩石地层划分的原则来衡量，不应当合二而一。

2. 港口灰岩问题

都峦山组火山集块岩上覆的透镜体状灰岩最早被张丽旭（1968）称作“港口灰岩”（陈文山等，1990），但是对其野外产状并无明确的定义，分布也仅限于港口（秀姑峦溪口一带）附近。同时张氏又把其它地区混杂于火山碎屑岩的钙质凝灰岩或崩移层中的灰岩岩块统称为石灰岩岩层，这样难免出现混淆。陈文山等（1990）台大地质系师生建议将“港口灰岩”从都峦山组中分出成为一个独立的地层单位，并且定义为“由生物或生物碎屑堆积而成之透镜状石灰岩体”。又根据有孔虫和超微化石确定石灰岩的沉积与生长年代是上新世早期至上新世晚期。既然港口灰岩的岩性和时代与都峦山组完全不同，实有单独分出的必要。只是港口灰岩都是以透镜体状出现，没有连续成层的分布，灰岩的厚度也很小。本书暂依何春荪（1986）的方案划归都峦山组。

3. “蕃薯寮层”、“八里湾层”和大港口组问题

邓属予（1981）主张废除大港口层，将之分为下部的“蕃薯寮层”和上部的“八里湾层”。所根据的理由是“蕃薯寮层”是富含生物化石和火山碎屑的浊流岩层，可以和“八里湾层”相区别。可是以后详细的地质研究，发现火山碎屑的多少并不能作为这两个地层在岩性上区分的指标或依据，所以邓氏不再用火山岩屑的多寡来分别这两个岩石地层单位。虽然原来的岩性区分已被淘汰，但是，他仍旧坚持要维持这两个地层名称，这样就难免不引起争论。何春荪（1990）认为，邓氏的划分并不合适，主要理由是：

（1）就岩石地层单位的定义而言，“蕃薯寮层”和“八里湾层”难以在岩性上有明显的区别而分为两个不同的岩石地层单位。

（2）就“蕃薯寮层”和“八里湾层”的地层名称而论，也颇值得商榷。最早命名这两个地层单位的是张丽旭（1969），他虽然用岩石地层单位的名称，但并不根据岩性来区分这两个地层，却用化石和时代来区分，所以不属于岩石地层单位，可是也不属于生物地层单位，因为生物地层单位要根据其划分所用化石带的生物生存期限所包含的地层来划分。张氏并没有如此划分，所以张氏所分的“蕃薯寮层”和“八里湾层”不符合地层命名原则，应当列入废弃的地层名称中，可是邓氏却采用其作为岩石地层单位的名称，这就必然产生这两个地层在定义、性质、内容和分层依据上的混乱。

何春荪（1990）认为，大港口层的地层名称应该保留，但是可以把层的等级升高为群，再根据各地岩性的差异和分布划分成若干不同的小单位。但是目前的调研程度还不能做到这一点。

4. 卑南山组与米仑组的关系

卑南山组与米仑组由于不在同一地区出露，故其间之关系不清，两者之地质年代也有待进一步研究。本书所称之米仑组系指分布于美仑和瑞穗两地，以块状砾岩为主的地层。相当于林朝棨（1963）所提出的“米仑鼻砾岩”，而与林氏（1969）所提出的“米仑层”含义不同。林氏（1969）的“米仑层”系指覆盖在花莲市北米仑台地米仑组之上的砾石层。

第六章 结论

台湾省地层多重划分对比研究通过2年的工作，在各方协助下，广泛收集了台湾省的各类地层资料，并与台湾有关学者商讨台湾地层划分对比方案，清理研究主要是以何春荪教授编著的《台湾地质概论　台湾地质图说明书》为基础，参考了福建省地质矿产局编写的《台湾省区域地质志》中有关地层方面的资料，按“地层多重划分”观点及全国统一的要求进行的。

一、主要成果

1. 对台湾进行了地层分区，根据台湾省具有独特的地质构造特征，以“台东纵谷”为界，划分出台湾地层分区和台湾东部地层区，并分属华南地层大区和菲律宾地层大区，而后再进行地层小区的划分，并将恒春半岛归属于中央山脉西翼地层小区。

2. 按“地层多重划分对比”的观点，以岩石地层单位为基础，进行了台湾省的地层划分对比，编制了台湾省地层序列（表6-1)。

3. 根据王执明教授的最新研究成果，将大南澳群自下而上划分为开南冈组、九曲组、长春组和天祥组，并阐明其主要特征。

4. 进一步确定碧侯组和礼观组的地层层位。

5. 据近年来研究资料，对恒春半岛的马鞍山组与垦丁组初步确定其层位关系。

6. 通过地层清理提出了建议采用的岩石地层单位有64个。

二、存在的主要问题

台湾各地区的地质研究程度相差十分悬殊，在西部山麓丘陵地带，通行条件较好，并有石油、天然气、煤等重要矿产，因而研究程度较高，而在中央山脉等高山地区，通行条件差，构造复杂，化石较少，其研究程度相对较低，毕禄山组、庐山组以及大南澳群等地层，虽然作了一些划分对比，但其时代、层序、分布等方面尚存在不少问题。隐伏于滨海平原一带的云林组、王功组，其顶底接触关系及其分布范围等亦有待研究。黄敦友所建立的“嘉义层”、“褒忠层”“水林层”及史太克的“北港层”等，其上、下接触关系、分布范围、与钻孔所遇地层及其与地表地层的对比等均有待进一步研究。故此次暂不列入“建议采用的岩石地层单位”。

雪山山脉北部及中—南部的浅变质岩地层，如白冷组、达见组、佳阳组、眉溪砂岩及水长流组等之间如何对比，目前台湾学者也有不同的划分对比方案，而且这些地层与台湾北部、中部未变质地层的时代对比等，也需进一步研究。

表 6-1　台湾省建议采用的岩石地层单位表

序号	编号	地层名称	代号	序号	编号	地层名称	代号
1	71-0078	大南湾组	Qp_2d	33	71-0034	石底组	$\mathrm{N}_1\hat{s}$
2	71-0077	米岺组	Qp_2m	34	71-0033	瑞芳群	N_1R
3	71-0076	卑南山组	Qp_2b	35	71-0032	苏乐组	N_1s
4	71-0075	恒春石灰岩	$\mathrm{Qp}_{1-2}h$	36	71-0031	庐山组	N_1l
5	71-0072	六双组	$\mathrm{Qp}_{1-2}l$	37	71-0028	大寮组	N_1d
6	71-0071	二重溪组	$\mathrm{Qp}_{1-2}e$	38	71-0030	大坑组	$\mathrm{E}_3\mathrm{N}_1d$
7	71-0070	崁下寮组	$\mathrm{Qp}_{1-2}k$	39	71-0026	木山组	$\mathrm{E}_3\mathrm{N}_1m$
8	71-0068	头嵙山组	$\mathrm{Qp}_{1-2}t$	40	71-0025	野柳群	$\mathrm{E}_3\mathrm{N}_1Y$
9	71-0067	大港口组	$\mathrm{N}_2\mathrm{Qp}_2d$	41	71-0024	澳底组	$\mathrm{E}_3\mathrm{N}_1a$
10	71-0066	马鞍山组	$\mathrm{N}_2\mathrm{Qp}_1m$	42	71-0023	礼观组	$\mathrm{E}_3\mathrm{N}_1l$
11	71-0065	垦丁组	$\mathrm{N}_2\mathrm{Qp}_1k$	43	71-0022	粗坑组	E_3c
12	71-0063	北寮页岩	$\mathrm{N}_2\mathrm{Qp}_1b$	44	71-0021	蚊子坑组	E_3wz
13	71-0061	卓兰组	$\mathrm{N}_2\mathrm{Qp}_1\hat{z}$	45	71-0020	五指山组	E_3w
14	71-0058	利吉组	$\mathrm{N}_2\mathrm{Qp}l$	46	71-0019	大桶山组	E_3d
15	71-0060	竹头崎组	$\mathrm{N}_2\hat{z}$	47	71-0018	乾沟组	E_3g
16	71-0057	锦水组	N_2j	48	71-0017	水长流组	$\mathrm{E}_3\hat{s}\hat{c}$
17	71-0054	茅埔页岩	N_2m	49	71-0016	四棱组	E_3s
18	71-0053	隘寮脚组	N_2a	50	71-0015	眉溪砂岩	E_3m
19	71-0052	盐水坑页岩	N_2y	51	71-0014	西村组	$\mathrm{E}_{2-3}x$
20	71-0079	渔翁岛组	$\mathrm{N}_1\mathrm{Q}py$	52	71-0013	佳阳组	$\mathrm{E}_{2-3}j$
21	71-0049	桂竹林组	$\mathrm{N}_{1-2}g$	53	71-0012	白冷组	$\mathrm{E}_{2-3}b$
22	71-0048	三峡群	$\mathrm{N}S$	54	71-0011	达见组	E_2d
23	71-0047	都峦山组	N_1dl	55	71-0010	十八重溪组	$\mathrm{E}_2\hat{s}$
24	71-0044	乐水组	$\mathrm{N}_1l\hat{s}$	56	71-0009	毕禄山组	E_2b
25	71-0045	长乐组	$\mathrm{N}_1\hat{c}$	57	71-0008	王功组	E_1w
26	71-0042	糖恩山组	N_1t	58	71-0007	碧侯组	$\mathrm{K}_2\mathrm{E}_1b$
27	71-0041	长枝坑组	$\mathrm{N}_1\hat{c}$	59	71-0006	云林组	K_1y
28	71-0040	红花子组	N_1h	60	71-0005	天祥组	$\mathrm{AnR}t$
29	71-0039	三民页岩	N_1sm	61	71-0004	长春组	$\mathrm{AnR}\hat{c}$
30	71-0038	南庄组	$\mathrm{N}_1n\hat{z}$	62	71-0003	九曲组	$\mathrm{AnR}j$
31	71-0036	水里坑组	$\mathrm{N}_1\hat{s}l$	63	71-0002	开南冈组	$\mathrm{AnR}k$
32	71-0035	南港组	N_1n	64	71-0001	大南澳群	$\mathrm{AnR}D$

目前台湾的不同学者对海岸山脉、恒春半岛等地的地层有不同的研究成果与划分对比方案，谁是谁非，也难以定论。随着台湾地质研究程度的不断提高及成果资料的不断积累，台湾的地层划分对比也将更臻于完善。

台湾的地质构造复杂，岩性岩相变化大，各家对地层划分自成体系，地层名称繁多，也甚为混乱，加以我们对台湾的地质资料的了解有限，尤其60年代以前的资料更缺，所以只能据现有资料进行清理和统计，难免有遗漏和欠妥之处。我们所提出的“建议采用的岩石地层单位”是否合适，望各地质界同行，尤其台湾地质界同仁批评指正。

我们建议采用的台湾省岩石地层单位中，有些地层名称，如大坑组等，与其它省有重复，但鉴于台湾情况的特殊性，仍暂保留使用。

参 考 文 献

陈培心、黄廷章、黄正谊、江明庄、罗仕荣、郭政隆，1977，苗栗出磺坑上新世到更新世浅海沉积之古地磁与超微化石地层学。台湾石油地质，14号:219—239。

陈培源，1963，台湾花莲卡沙石岂溪及老西溪产硬绿泥石岩之矿物学及岩石学性质。台湾大学理学院地质学系研究报告，(10) 11—27。

陈文山、李伟彰，1990，西恒春台地地层之检讨。地质，10 (2):127—138。

陈文山、郑颖敏、黄奇瑜，1986，台湾南部恒春半岛之地质。地质，6 (2):47—74。

陈文山、陈志雄、王源、黄敦友，1990，台湾海岸山脉之地层。台湾地层研讨会论文集。

陈正宏，1990，台湾之火成岩。

陈肇夏，1976，台湾中部眉溪砂岩之层位问题。中国地质学会会刊，19号:71—77。

陈肇夏，1977，台湾雪山山脉的一些地层问题。中国地质学会会刊，20号:61—70。

陈肇夏，1979，台湾中部横贯公路沿线地质。中国地质学会专刊，3号:219—236。

丹桂之助，1944，乌来统诸地层之讨论兼论四棱砂岩、白冷层与新高层之同时性。台湾博物学会会报，34 (246—250)。

恩斯特、刘忠光、黛摩亚，1981，苏澳南澳地区太鲁阁带角闪岩及伴随岩石多次变质之研究。中国地质学会专刊，4号:391—441。

福建省地质矿产局，1992，台湾省区域地质志。地质出版社。

宫守业，1982，恒春石灰岩之沉积环境研究。台湾大学地质学研究所硕士论文。

古福祥，1966，屏东县志卷一地理志。屏东县文献委员会。

郝琰，1957，锦水气田地下地质之研究及其与出磺坑构造西翼地层剖面之对比。台湾石油地质讨论会论文专辑，85—110。

郝琰、萧宝宗，1957，苗栗通霄背斜构造之地质。台湾石油地质讨论会论文专辑，128—144。

何春荪，1975，台湾地质概论 台湾地质图说明书。

何春荪，1986，台湾地质概论 台湾地质图说明书。

何春荪，1987，中央山脉东翼的地质。地工技术，(18):69—75。

何春荪，1990，由地层学原理回顾与检讨台湾的地层问题。台湾地层研讨会论文集。

洪奕星，1990，台湾西北部麓山带中新世和上新世地层之研究。台湾地层研讨会论文集。

黄奇瑜、郑颖敏，1983，台湾北部渐新统及中新统之浮游有孔虫生物地层学研究。中国地质学会会刊，26号:21—56。

黄廷章，1980，台湾南部横贯公路西段板岩地层之超微化石。台湾石油地质，17号:59—74。

黄廷章、丁志兴、缪勒，1983，垦丁混同层之上新世微体化石。中国地质学会会刊，26号:57—66。

黄敦友，1963，台湾云林县北港第三号探井地下地层所含浮游性有孔虫化石之研究。石油地质，2号:153—169。

纪文荣，1978，高雄县六龟附近庐山层之超微化石及其意义。矿业技术，16 (10—12)。

纪文荣，1979，高雄县红花子剖面之超微化石研究。探采研究汇报，2号:21—40。

纪文荣，1982，台湾利吉层与垦丁层内之超微化石及其在地质构造上之意义。地质，4 (1):99—112。

纪文荣，1983，台湾中南部麓山带及东部海岸山脉之超微化石生物地层及其对比。石油，19 (4):2—26。

纪文荣、蓝生杰、梅文威，1980，台湾东部海岸山脉秀姑峦溪新第三系之超微化石生物地层及其对比。台湾石油地质，17号:75—87。

纪文荣、蓝生杰、苏强，1981，台湾东部海岸山脉板块互撞之地层记录。中国地质学会专刊，4号:155—194。

江博明、马提诺、柯尼契，1984，台湾中央山脉中结晶石灰岩所含锶同位素成分的地质时代意义。中国地质学会专刊，6号:295—301。

蓝晶莹，1989，台湾片麻岩同位素定年及岩石化学之研究。台湾大学地质学研究所博士论文。

李春生，1979，台湾中部南投县水里—玉山地质之古第三纪地层。中国地质学会专刊，3号:237—247。

李锡堤，1977，南部横贯公路礼观一带地质构造之研究。台湾大学地质学研究所硕士论文。

李锡堤、王源，1985，台湾南部横贯公路礼观一带之地层及构造。地质，6 (1)。

李绍章，1960，台湾省澎湖县志（疆域志）。澎湖县政府。

林朝棨，1960，台北县志卷三地理志（上）。台北县文献委员会。

林朝棨，1961，台湾山地之地质。台湾研究丛刊第八十一种，台湾银行经济研究室。
林朝棨，1963，台湾之第四纪。台湾文献，14（12）。
林朝棨，1964，南投县地理志地质篇稿。南投县文献委员会。
林朝棨、周瑞燉，1974，台湾地质。台湾省文献委员会。
林朝棨、周瑞燉，1976，台湾之地质学研究。台湾文献，27（1）。
林士伟，1968，台湾省苗栗县志卷一地理志地理篇。台湾省苗栗县文献委员会。
鸟居敬造，1935，东势地质图幅说明书。台湾总督府殖产局，732号。
培利提尔、胡贤能，1984，横切台湾中央山脉南端两区之地质构造。中国地质学会会刊，6号:1—19。
石崎和彦，1942，台湾地层名称索引。台湾博物学会会报，32（220—226）。
史太克，1957，嘉义及新营东部麓山带上新生代地层系统及其对比。台湾石油地质讨论会论文专辑，179—230。
史太克，1958，西部台湾海岸平原地下勘测及其地质。中国地质学会会刊，1号:55—96。
苏强，王源、刘忠光、恩斯特，1976，台湾中央山脉基盘与新生代覆盖岩层接触面之地质观察。中国地质学会会刊，19号:59—70。
宋国城，1990，恒春半岛的地层问题。台湾地层研讨会论文集，4号。
孙习之，1965，台湾高雄深水村附近鸟山层与盖子寮页岩间不整合构造。中国地质学会会刊，8号:100—101。
台湾油矿探勘处，1971，台湾石油及天然气之探勘与开发。
田沛霖，1983，台北乌来地区古第三纪之地质。台北文献，（2）。
王执明，1979，东台湾咯韶至太鲁阁间地区变质岩生成时间顺序之初步探讨。中国地质学会专刊，3号:249—252。
王执明，1982，新释“大南澳片岩”。中国地质学会会刊，25号:5—12。
王执明，1988，大南澳群概论。中国地质学会会刊，31（1）:4—10。
王执明，1991，太鲁阁峡谷之变质岩。太鲁阁国家公园管理处。
吴永助，1976，清水土场地热区及其外围之地质。矿业技术，14（12）:484—489。
徐亮明，1984，台湾嘉南平原更新世地层及其所含水溶性天然气。台湾石油地质，20号:199—213。
小笠原美津雄，1933，大南澳地质图幅说明书。台湾总督府殖产局，656号。
颜沧波，1960，台湾北部大南澳片岩之地层学的研究。台湾省地质调查所汇刊，12号:53—66。
颜沧波，1963，台湾大南澳片岩区中之变质带。中国地质学会会刊，6号:72—74。
颜沧波、盛健君、耿文溥、杨应塘，1956，台湾之中生代地层问题。台湾省地质调查所汇刊，8号:1—14。
杨昭男、王源，1985，碧侯层标准地区之地质构造。中国地质学会会刊，28号:45—54。
叶明官，1982，台北县澳底区中新世早期枋脚层之沉积环境。海洋汇刊，27辑:69—113。
原振维、林益舟、黄旭灿、萧承龙，1985，北港区地下先中新世地层之研究。台湾石油地质，21号:115—127。
张丽旭，1963，台湾中部所谓埔里层之基于有孔虫之生物地层学研究。中国地质学会会刊，6号:3—17。
张丽旭，1967，台湾东部海岸山脉南段基于小型有孔虫之生物地层学研究。中国地质学会会刊，10号:64—76。
张丽旭，1972，台湾中央山脉毕禄山阶与庐山阶之间隙及N砾岩。中国地质学会会刊，15号:93—98。
张丽旭，1973，台湾变质区第三系基于小型有孔虫之生物地层学研究。中国地质学会会刊，16号:69—84。
张丽旭，1974，台湾变质区第三系基于小型有孔虫之生物地层学研究。中国地质学会会刊，17号:85—93。
张锡龄，1962，六双层之命名。中国地质学会专刊，1号。
张锡龄，1963，嘉义及新营区更新世及上部上新世地层之区域性研究。台湾石油地质，2号:65—86。
张锡龄，1968，台湾北部下部中新世地层之区域性研究。台湾石油地质，6号:45—70。
张锡龄、钟振东，1957，台南县竹头崎构造之地质。台湾石油地质讨论会论文专辑，237—245。
詹新甫，1974，恒春半岛之地层与构造，并申论中新世倾泻层。台湾省地质调查所汇刊，24号:99—106。
詹新甫，1977，对台湾中央山脉的苏澳剖面的一些观察。中国地质学会会刊，2号:141—146。
詹新甫，1982，台湾东北隅鼻头至福隆间之地层与构造。
钟振东，1973，台湾之所谓古第三系——乌来统之层位问题。地质1（1）:109—116。
周瑞燉，1962，台湾北部木山层地层学及沉积学之研究。台湾石油地质，1号:87—119。
周瑞燉，1970，台湾西部嘉义平之原中生代岩石之研究。台湾石油地质，7号:209—228。
周瑞燉，1985，台湾中央山脉碧侯层M砾岩之堆积及其地质学上之意义。台湾石油地质，21号:107—114。
周瑞燉，1990，台湾中央山脉及雪山山脉之古第三纪地层。台湾地层研讨会论文集。

周瑞燉、杨健一，1986，台湾西部沉积盆地之特性及其储积油气潜能。石油，22（1）:2—25。

Biq Chingchang，L S Chang，P Y Chen，C S Ho，T L Hsu，W P Keng，T H Lee，C W Pan，L P Tan，S F Tsan，Y T Yang. 1956. Lexique Stratigraphique International Volume 111 Asie Fascicule 4 Taiwan（Formose），Centre National Delà Recherche Scientifique 13，quai Anatole—France，Paris—VII.

Blow W H .1969 . Late middle Eocene to Recent planktonic foraminiferal biostratigraphy. Proc. 1st. Inter. Conf. planktonic Microfossils 1，199—421。

Chou Jui - Tun . 1969. A petrograrhic study of the Mesozoic and cenozoic rock formations in the Tungliang well TL - I of the Penghu Islands，Taiwan，China. ECAFE CCOP Technical Bull. V. 2，97—115。

Martini E . 1971. Standard Tertiary and Quaternary calcareous nannoplankton jonation. In Farinacci A.（ed.）Proc. II，Plant. Conf. Rome，737—785。

桥本亘等，Hashimoto W and Matsumaru K . 1975b. On the Lepidocyclinabearing limestone exposed at the southern cross mountain highway，Taiwan. Contr. to Geol. and paleon. Southeast Asia，V. 16，103—116。

附录Ⅰ　台湾省岩石地层数据库的建立及功能简介

一、台湾地层数据库概况

1.系统运行环境

硬　件：

AST486/33微机（显示器SVGA、硬盘210MB）

LQ-1600K打印机、HP Ⅲ激光印字机

ScanMaker 600Z彩色扫描仪

软件支撑环境：

PC-DOS 3.31西文操作系统

FoxPro 2.0关系数据库支撑系统

PTDOS 2.0汉字系统

Golden PLOT图形输出驱动模块

2.数据采集与卡片打印系统

沿用项目办公室下发DCSS、DCKP基本程序进行数据编录与汇交卡片打印。

3.数据库建库规模

(1) 建议使用岩石地层单位64个，数据量约占有3MB磁盘空间。

(2) 建议暂不使用地层单位，数据量约占有4MB磁盘空间。

根据地质矿产部项目办公室的要求，已组建完毕上列相应岩石地层（单元）卡Ⅰ、Ⅱ、Ⅳ、Ⅴ数据信息(参见附录2)，于1994年9月呈报部项目办。

4.建库人员

由专人审核数据卡片，由一名专职录入员负责录入。建库工作由我所文印技术部电脑中心负责实施及技术把关。参加建库人员：王丽卿（录入员）、张书煌（技术把关）。

二、台湾省组建地层数据库

1.基本功能

(1) 以PTDOS 2.0汉字系统、FoxPro 2.0关系数据库支撑环境下，运行DCSS程序，基本实现台湾省岩石地层单位数据卡片录入、编辑、查询、打印、磁盘管理功能。

(2) 运行DCKP打印程序输出岩石地层（单元）卡Ⅰ、Ⅱ、Ⅲ、Ⅳ、Ⅴ文字及相应图形资料。

2.拓展开发功能

(1) 省级地层数据库多功能图、文、卡查询系统，联结FoxGraph工具软件实现数据库快速统计作图。

(2) 地质实测剖面图、地质图、构造格架图等地质制图软件研制，开发面向全点阵图形（图象方式）地质软件，增强可视性、美观性及推广打印机输出实用性。

三、数据库存在问题

(1) 岩石地层单位卡Ⅱ、卡Ⅳ采用代码式组合作图，录入员普遍感到困难，鉴于程序功能所限，地质代号、汉字难以达预期图形注释要求。如：地质代号的旋转、字号大小定义、汉字横排、竖排方式等。

(2) 岩石花纹图例参照GB958-89图例类型，已远远不能满足本次地层清理要求，降低成图地质效果，建议借鉴国外Logger软件开发经验，提供交互式造图例，方是上策。

(3) 采用小文件式数据库操作，增大数据外存贮空间，硬盘数据操作访问频繁、速度降低，难以数据传送、维护。常规用户显示器、打印机作为图形输出设备，地层数据库中图形输出应考虑采纳点阵图形（象）方式输出，发挥显示器、打印机硬件设备优势，可大大提高图形提出速度。

附录Ⅱ　建议采用的岩石地层单位总表

附录Ⅱ-1

序号	岩石地层单位名称		编号	代号	地质时代	创名人①	创建时间(年)	所在省	在本书页数
	英文	汉文							
1	Ailiaojiao Fm	隘寮脚组	71-0053	N_2a	N_2	何春荪等（何春荪）	1956（1986）	台湾省	47
2	Aodi Fm	澳底组	71-0024	E_3N_1a	E_3—N_1	颜沧波等（林朝棨）	1953（1960）		24
3	Baileng Fm	白冷组	71-0012	$E_{2-3}b$	E_{2-3}	鸟居敬造	1935		20
4	Beinanshan Fm	卑南山组	71-0076	Qp_2b	Qp_2	大江二郎（何春荪）	1939（1986）		64
5	Beiliao Shale	北寮页岩	71-0063	N_2Qp_1b	N_2—Qp_1	何春荪（张锡龄等）	1956（1957）		51
6	Bihou Fm	碧侯组	71-0007	K_2E_1b	K_2—E_1	小笠原美津雄	1933		11
7	Bilushan Fm	毕禄山组	71-0009	E_2b	E_2	何春荪	1986		16
8	Changchun Fm	长春组	71-0004	$AnR\hat{c}$	AnR	陈培源	1963		9
9	Changle Fm	长乐组	71-0045	$N_1\hat{c}$	N_1	詹新甫	1974		27
10	Changzhikeng Fm	长枝坑组	71-0041	$N_1\hat{c}\hat{z}$	N_1	何春荪	1956（1986）		43
11	Cukeng Fm	粗坑组	71-0022	E_3c	E_3	何春荪	1956		31
12	Dajian Fm	达见组	71-0011	E_2d	E_2	陈肇夏	1977		19
13	Dagangkou Fm	大港口组	71-0067	N_2Qp_2d	N_2—Qp_2	徐铁良	1956		63
14	Dakeng Fm	大坑组	71-0030	E_3N_1dk	E_3—N_1	何春荪等（林朝棨）	1956（1964）		34
15	Daliao Fm	大寮组	71-0028	N_1d	N_1	市川雄一（林朝棨）	1930（1960）		33
16	Dananao Gr	大南澳群	71-0001	$AnRD$	AnR	小笠原美津雄	1933		6
17	Dananwan Fm	大南湾组	71-0078	Qp_2d	Qp_2	牧山鹤彦（石崎和彦）	1934（1942）		61
18	Datongshan Fm	大桶山组	71-0019	E_3d	E_3	市川雄一（何春荪）	1930（1986）		23
19	Duluanshan Fm	都峦山组	71-0047	N_1dl	N_1	大江二郎（石崎和彦）	1939（1942）		62
20	Erchongxi Fm	二重溪组	71-0071	$Qp_{1-2}e$	Qp_{1-2}	史太克	1957		58
21	Gangou Fm	干沟组	71-0018	E_3g	E_3	市川雄一（何春荪）	1932（1986）		23
22	Guizhulin Fm	桂竹林组	71-0049	$N_{1-2}g$	N_{1-2}	鸟居敬造 吉田要（石崎和彦）	1931（1942）		44

①创名栏（　）内为介绍人；创建时间栏（　）内为介绍时间。

序号	岩石地层单位名称		编号	代号	地质时代	创名人	创建时间（年）	所在省	在本书页数
	英文	汉文							
23	Hengchun Limestone	恒春石灰岩	71-0075	$Qp_{1-2}h$	Qp_{1-2}	六角兵吉 牧山鹤彦 （石崎和彦）	1934 （1942）	台湾省	60
24	Honghuazi Fm	红花子组	71-0040	N_1h	N_1	钟振东 （纪文荣）	1962 （1979）		42
25	Jiayang Fm	佳阳组	71-0013	$E_{2-3}j$	E_{2-3}	陈肇夏	1977		21
26	Jinshui Fm	锦水组	71-0057	N_2j	N_2	大村一藏 （林朝棨）	1928 （1960）		48
27	Jiugu Fm	九曲组	71-0003	$AnRj$	AnR	王执明	1979 （1991）		8
28	Kainangang Fm	开南冈组	71-0002	$AnRk$	AnR	颜沧波 （林朝棨等）	1954 （1974）		7
29	Kanxialiao Fm	崁下寮组	71-0070	$Qp_{1-2}k$	Qp_{1-2}	史太克	1957		58
30	Kending Fm	垦丁组	71-0065	N_2Qp_1k	$N_2—Qp_1$	詹新甫	1974		28
31	Leshui Fm	乐水组	71-0044	$N_1l\hat{s}$	N_1	詹新甫	1974		27
32	Liguan Fm	礼观组	71-0023	E_3N_1l	$E_3—N_1$	李锡堤	1977		17
33	Liji Fm	利吉组	71-0058	N_2Qpl	$N_2—Qp$	大江二郎 （徐铁良）	1939 （1956）		63
34	Lushan Fm	庐山组	71-0031	N_1l	N_1	张丽旭	1962		17
35	Liushuang Fm	六双组	71-0072	$Qp_{1-2}l$	Qp_{1-2}	张锡龄	1962		59
36	Ma'anshan Fm	马鞍山组	71-0066	N_2Qp_1m	$N_2—Qp_1$	石崎和彦	1942		29
37	Maopu Shale	茅埔页岩	71-0054	N_2m	N_2	何春荪	1956 （1986）		47
38	Meixi Sandstone	眉溪砂岩	71-0015	E_3m	E_2	陈肇夏	1976		21
39	Milun Fm	米仑组	71-0077	Qp_2m	Qp_2	宇佐美卫 （石崎和彦）	1939 （1942）		65
40	Mushan Fm	木山组	71-0026	E_3N_1m	$E_3—N_1$	颜沧波 陈培源 （林朝棨）	1953 （1960）		32
41	Nangang Fm	南港组	71-0035	N_1n	N_1	市川雄一 （石崎和彦）	1930 （1942）		37
42	Nanzhuang Fm	南庄组	71-0038	$N_1n\hat{z}$	N_1	王源 （林朝棨）	1953 （1960）		40
43	Ruifang Gr	瑞芳群	71-0033	N_1R	N_1	何春荪	1975		35
44	Sanmin Shale	三民页岩	71-0039	N_1sm	N_1	钟振东 （纪文荣）	1962 （1979）		42
45	Sanxia Gr	三峡群	71-0048	NS	N	市川雄一 （石崎和彦）	1929 （1942）		40
46	Shibachongxi Fm	十八重溪组	71-0010	$E_2\hat{s}$	E_2	李春生	1979		19

序号	岩石地层单位名称		编号	代号	地质时代	创名人	创建时间(年)	所在省	在本书页数
	英文	汉文							
47	Shidi Fm	石底组	71-0034	$N_1\hat{s}$	N_1	颜沧波 陈培源 (林朝棨)	1953 (1960)	台湾省	36
48	Shuichangliu Fm	水长流组	71-0017	$E_3\hat{s}\hat{c}$	E_3	早坂一郎等	1936		21
49	Shuilikeng Fm	水里坑组	71-0036	$N_1\hat{s}l$	N_1	何春荪等 (林朝棨)	1956 (1964)		39
50	Sileng Fm	四棱组	71-0016	E_3s	E_3	大江二郎 (石崎和彦)	1931 (1942)		22
51	Sule Fm	苏乐组	71-0032	N_1s	N_1	何春荪	1986		26
52	Tang'enshan Fm	糖恩山组	71-0042	N_1t	N_1	何春荪等 (何春荪)	1956 (1986)		45
53	Tianxiang Fm	天祥组	71-0005	AnRt	AnR	陈培源	1963		9
54	Toukoskan Fm	头嵙山组	71-0068	$Qp_{1-2}t$	Qp_{1-2}	林朝棨	1933 (1960)		56
55	Wanggong Fm	王功组	71-0008	E_1w	E_1	纪文荣	1983		15
56	Wenzikeng Fm	蚊子坑组	71-0021	E_3wz	E_3	詹新甫	1982		30
57	Wuzhishan Fm	五指山组	71-0020	E_3w	E_3	颜沧波 陈培源	1953		29
58	Xicun Fm	西村组	71-0014	$E_{2-3}x$	E_{2-3}	大江二郎 (石崎和彦)	1931 (1942)		22
59	Yanshuikeng Shale	盐水坑页岩	71-0052	N_2y	N_2	何春荪	1956 (1986)		46
60	Yeliu Gr	野柳群	71-0025	E_3N_1y	E_3—N_1	何春荪	1975		32
61	Yuwengdao Fm	渔翁岛组	71-0079	N_1Qpy	N_1—Qp	(李绍章)	(1960)		52
62	Yunlin Fm	云林组	71-0006	K_1y	K_1	纪文荣	1983		10
63	Zhutouqi Fm	竹头崎组	71-0060	$N_2\hat{z}$	N_2	何春荪	1956 (1986)		50
64	Zhuolan Fm	卓兰组	71-0061	$N_2Qp_1\hat{z}$	N_2—Qp_1	鸟居敬造 (何春荪)	1935 (1986)		49

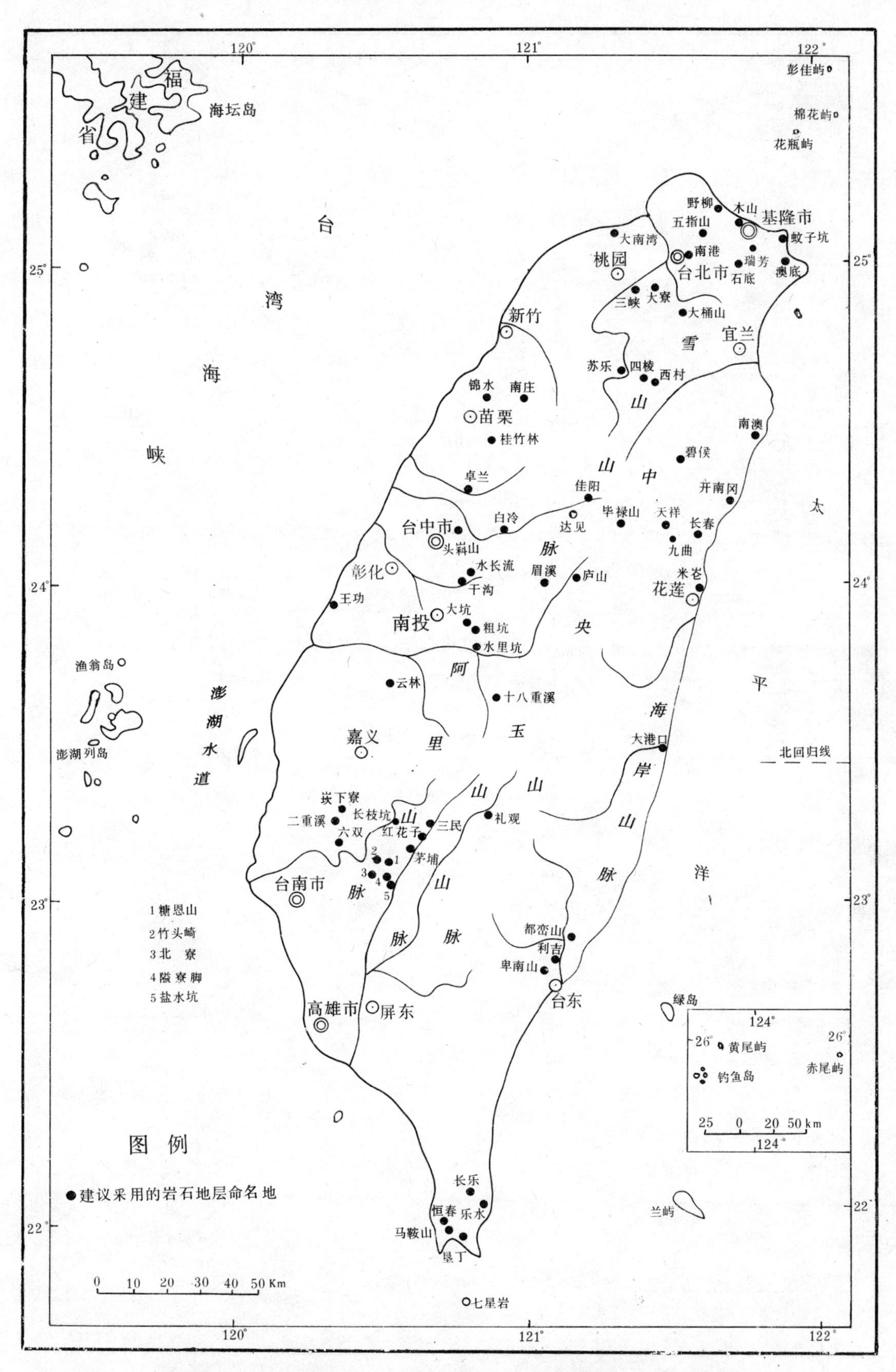

附图 1 台湾省岩石地层命名地点位置图

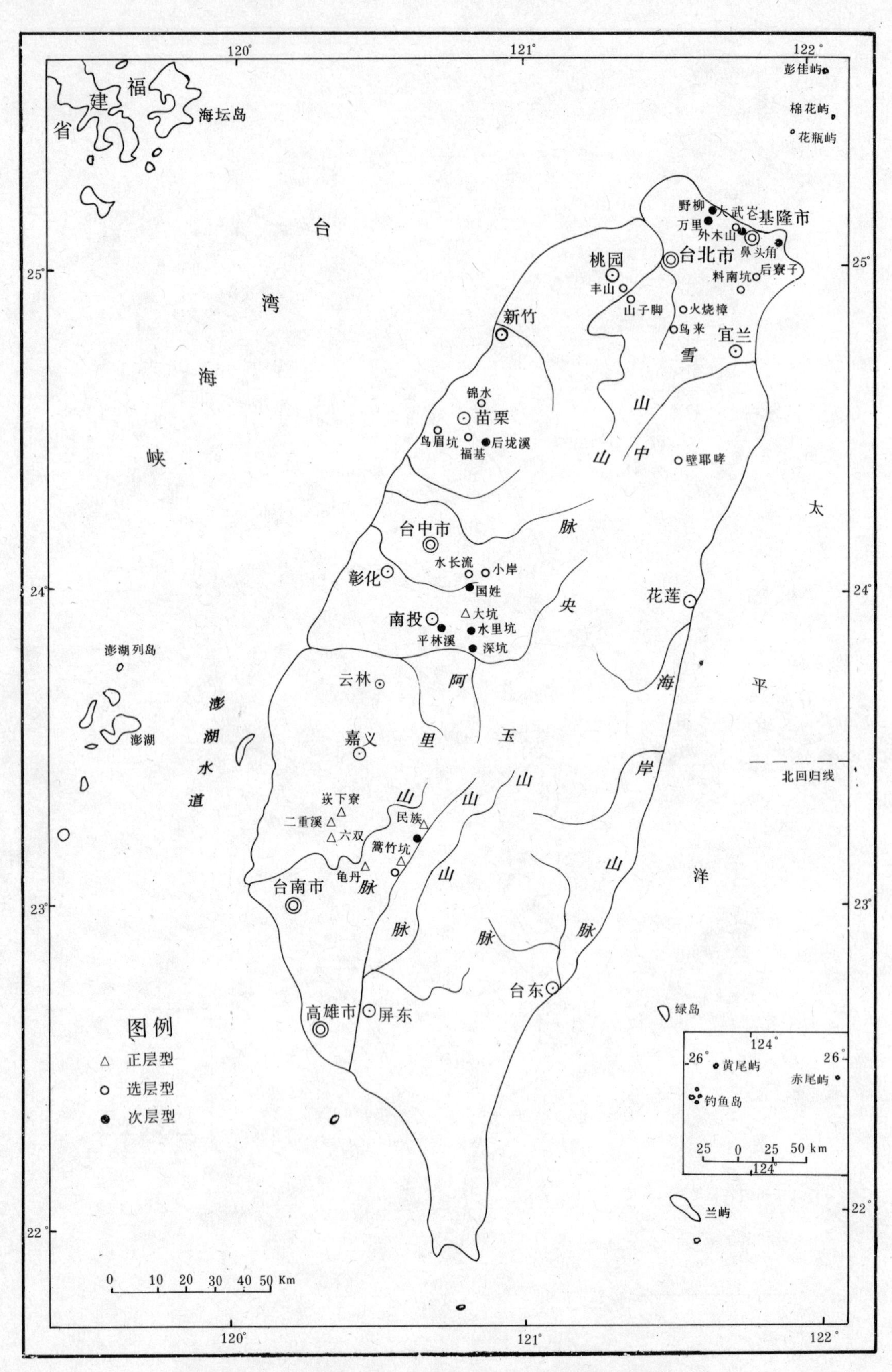

附图2 台湾省地层剖面位置图